Einleitung

Wer sich einmal mit Bäumen beschäftigt, wird nach kurzer Zeit erkennen, dass die Beziehung des Menschen zu diesen Lebewesen uralt ist. Dabei kann der Baum von uns Menschen in zweierlei Hinsicht betrachtet werden. Zum einen als seelenlose Nutzpflanze, die unsere Bedürfnisse an Nahrung und Rohstoff befriedigt zum anderen in ihrer Wesenhaftigkeit und vielschichtigen Symbolik der Märchen, Mythen und Bräuche.

Ob Dorflinden, Marienbäume oder Hausbäume - es ist noch gar nicht so lange her, dass der Baum auch in unserer Region ein geachteter Begleiter des Menschen war. Als ich 1998 im Rahmen meiner Diplomarbeit über die Mythologie von Bäumen „Baumgeschichten" sammelte, wurde mir bewusst wie vielfältig diese Beziehungsformen der Menschen zu Bäumen sein können. Seither sammle ich Baumgeschichten aus allen Gegenden Bayerns.

Hauptsächlich sind es ältere Personen, die mir so manche spannende, tragische oder lustige Baumgeschichte erzählen. Die eng Verbundenheit dieser alten Menschen mit den natürlichen Lebensprozessen, ihre Ruhe und Verwurzeltheit in den Rhythmen des Jahreskreises erscheint mir häufig selbst wie das Leben eines Baumes.

Bernhard von Clairvaux schrieb einst: „Du wirst mehr in den Wäldern finden als in Büchern. Die Bäume und die Steine werden dich Dinge lehren, die dir kein Mensch sagen wird." In diesem Sinne versteht sich dieser Radführer als Einladung, die darin beschriebenen Bäume zu besuchen.

Auf 5 Radtouren in dem Landkreis Miesbach können diese erfahren und erlebt werden. Zusammen mit den Sachgebieten Naturschutz und Nahverkehr des Landratsamtes Miesbach, dem Tourismusverband Schliersee, Tegernsee, Wendelstein und dem Kreisverband für Gartenkultur und Landespflege Miesbach wurden die Routen hierfür ausgearbeitet und beschildert. An einzelnen Tafeln vor Ort ist das jeweilige Ereignis um den Baum erzählt, umfassendere Ausführungen zu den Baumgeschichten mit dazugehörigen Landkarten der einzelnen Routen finden Sie dann in diesem Buch.

Nach wie vor wohnt den uns umgebenden Bäumen, bei all ihrem Nutzen, ein gewisser Zauber inne, der unsere Sinne und Phantasien auch heute noch berühren kann. Vielleicht führt ein tieferes Verständnis sogar zu etwas mehr Achtung und Akzeptanz für unsere grünen Begleiter. Lassen Sie sich also anstecken von der Vielfalt unserer Baumwelt und erleben Sie so manch heitere, nachdenkliche und erquickende Momente „Von Baum zu Baum"!

Thomas Janoschek

Impressum:

Autor, und Verantwortlich für den Textteil: Thomas Janscheck, Wolnzach

Kartographischer Verlag Huber & Steuerer
83088 Kiefersfelden
Tel.: 0 80 33 / 82 37 • Fax: 0 80 33 / 9 80 92
e-mail: kvh@suchekarten.de

Inhaltsverzeichnis

Haftungsausschluß:
Trotz sorgfältiger Überprüfung aller Touren, kann es zu Abweichungen kommen. Auch bedingt durch Baumaßnahmen oder Witterung kann es zu kurzfristigen Änderungen der Wegführung, oder deren Qualität kommen. Deshalb übernehmen Autor, TBO, Landratsamt und Verlag keinerlei Haftung oder Garantie für die Beschaffenheit der Wege, oder deren Benutzbarkeit.

Von Baum zu Baum

Die Touren sind in der Natur ausgeschildert, normalerweise in Richtung der Beschreibung. Beachten Sie deshalb, dass Sie bei entgegengesetzter Fahrt die Schilder vorort nicht immer sehen können. Bei den aufgelisteten Bäumen finden Sie normalerweise ein Schild mit einer kurzen Beschreibung. In der Karte mit schwarzer Zahl gekennzeichnete Bäume (im Verzeichnis grau) sind in der Natur nicht mehr vorhanden!

Die Beschilderung in der Natur:

Tour 1 - MB

Länge: ca. 43 km Nebenstrecken ca. 12,5 km
Ausgangspunkt: Parkplatz in Hundham
Strecke: gute Straßenverhältnisse, weites gehend ab von Hauptstraßen bzw. neben Hauptstraßen,
Steigungen: 100 Höhenmeter von Hundham nach Schnitzenbaum
120 Höhenmeter von Wörnsmühl nach Berg
150 Höhenmeter von Fischbachau nach Birkenstein

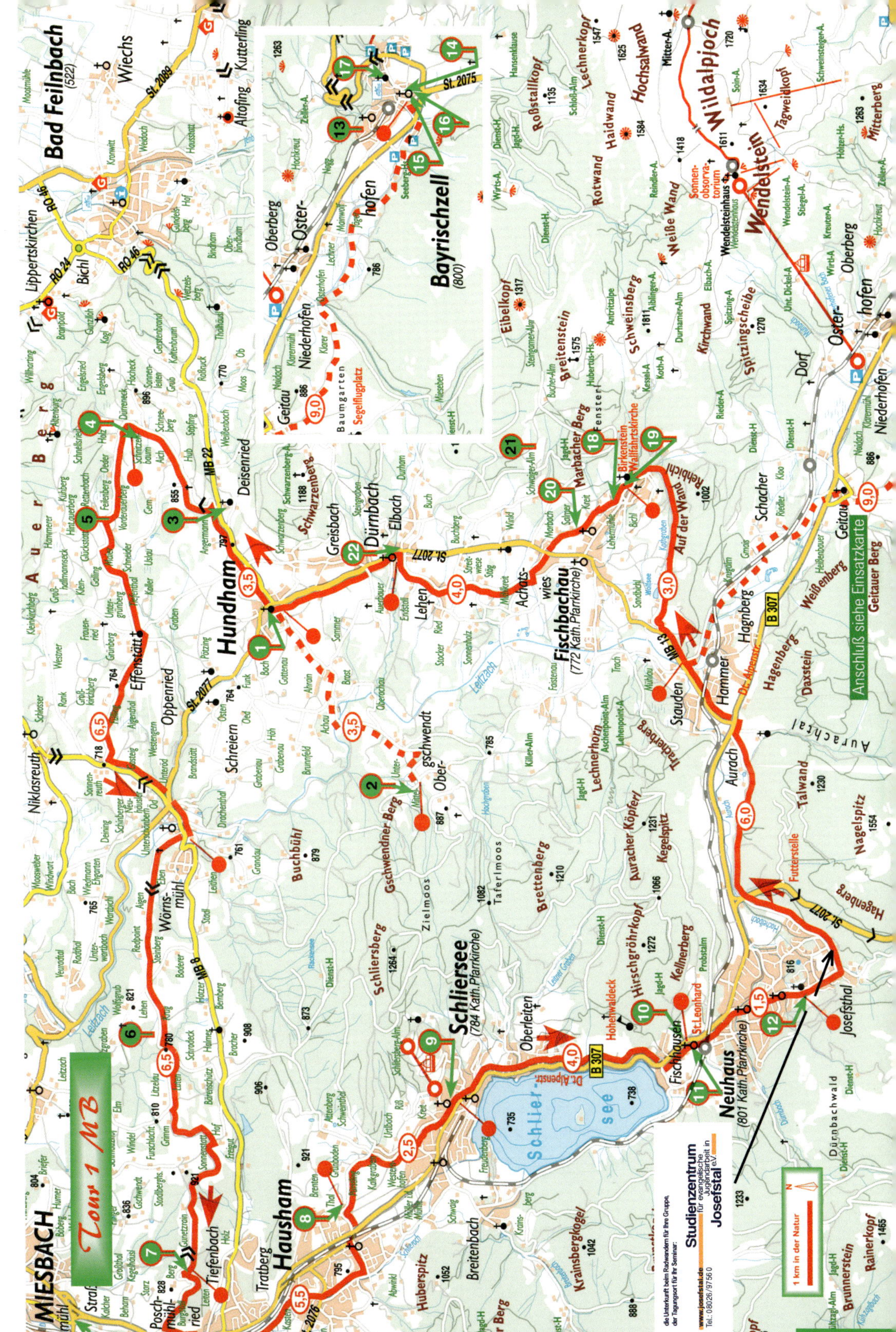

Tour 1 MB
Bad Feilnbach (522)
Miesbach
Hausham
Schliersee (784 Kath. Pfarrkirche)
Schliersee
Neuhaus (801 Kath. Pfarrkirche)
Fischbachau (772 Kath. Pfarrkirche)
Hundham
Bayrischzell (800)
Wendelstein
Wildalpjoch
Auer Berg
Birkenstein Wallfahrtskirche
Effenstätt
Wörnsmühl
Dürnbach
Elbach
Geitau
Osterhofen
Niederhofen
Aurach
Hammer
Tiefenbach
Agatharied
Josefsthal
Fischhausen
Segelflugplatz
Anschluß siehe Einsatzkarte
Geitauer Berg
Studienzentrum für evangelische Jugendarbeit in Josefstal e.V.
www.josefstal.de
Tel.: 08026/9756 0
1 km in der Natur

1 Die Dorflinde von Hundham - Tour 1 MB

Gibt es etwas schöneres als eine junge Dorflinde als Startpunkt für eine „Von Baum zu Baum "Radtour. Anlässlich der Eröffnung der Radtouren „Von Baum zu Baum" wurde diese Linde am 6.Mai 2006 am neuen Dorfplatz von Hundham gepflanzt. Stifter des Lindenbaumes ist der örtliche Gartenbauverein, die Hundhamer Landfrauen finanzierten den Dorfbrunnen und der „Alte Wirt" stellte das Grundstück. So steht die Linde wahrlich an einem „Platzerl" der Gemeinschaft. Sie möge viele Jahrhunderte all die Menschen erfreuen, die an ihrem Stamm vorüberziehen werden.

Doch blau und leuchtend wird der Sommer stehen
Und wird mit seinem süssen Atemwehen
Gelind die arme Menschenbrust entbinden
Wo kommst du her?
Wie lange bist du noch hier?
Was liegt an dir?
Unsterblich duften die Linden.
Ina Seidl

2 „Allerlei Holz- und Baumgeschichten" um den Rohnberg - Tour 1 MB

Mit Rone, Rohn oder Ron wurde einst ein Baumstamm bezeichnet, der durch Sturm samt den Wurzeln ausgerissen wurde und „wegen Unmöglichkeit der Abführung oder sonst im Walde oder auf dem Berg unbenutzt liegen bleibt." Parzifal kam noch „über ronen und stein" geritten, heute wandern wir sportlich „über Stock und Stein". Auf dem Weg von Bayrischzell nach Audorf (heutige Sudelfeld-Passstraße) stand unweit des Tatzlwurms ein Gedenkmarterl mit folgendem Wortlaut: „Da liegt ein alte Rohn, darauf setzt er sich und stirbt."

Der bewaldete Kamm zwischen Schliersee und Elbach hat seinen Namen Rohnberg von derart entwurzelten und gebrochenen Baumstämmen, die lose den Boden bedeckten. Es heißt, dass der Rohnberg wegen seiner Unwegsamkeit ursprünglich nur zum „Stimmeln" und „Schneitln" aufgesucht wurde. Unter dem Stimmeln verstand man einst das Aufasten bzw. Entasten von gefällten Fichten- und Tannenbäumen. Die dabei gewonnen Äste und Zweige, die sogenannten Daxen, wurden kleingehackt als Einstreu in den Viehställen und zum Anheizen verwendet. Mit dem Schneiteln war das Entasten und Entlauben von Bergahornbäumen gemeint. Die Blätter und Jungtriebe dienten als Futter für das Vieh. In Notzeiten wurden Ahornblätter sogar mit Salz wie Sauerkraut in Fässer eingestampft und gegessen.
Erst spät wurde der forstwirtschaftliche Wert des Rohnberges erkannt. Noch heute heißt es, dass am Rohnberg das beste Holz der Gegend wächst, da er im Gegensatz zum „trockenen" Schwarzenberg „quellreich" ist. Denn „ein gutes Holz mag´s feucht", wie Waldkundige zu berichten wissen.
Im 18.Jahrhundert entstand wegen dem guten Rohnbergholz sogar ein Jahrzehnte langer Streit zwischen dem Landgericht Aibling und der Herrschaft Waldeck von Miesbach. Es ging dabei um das Holzrecht von 260 Tagwerk Wald am Rohnberg. Dieses Waldstück heißt heute noch der „Stritting". Auch war für den Rohnberger Wald ein eigener Holzheger ein sogenannter Holzhai aufgestellt, um den insgesamt 144 „Berechtigten" Anwesen anzuzeigen, welche Stämme geschlagen werden durften.

Die Orte am östlichen Fuß des Rohnberges tragen die Bezeichnung Gschwendt. Es gibt ein Unter- Mitter- und Obergschwendt. Die Bezeichnung Gschwend stammt von Schwenden. Dies war einst der Ausdruck für die Rodung einer Flur. Durch Entrinden der Bäume im Frühjahr kamen die Bäume zum „Schwinden" und zum Verdorren. Anschließend wurden die verdörrten Bäume in Brand gesetzt, die Asche diente als Düngung. Der Hof Obergschwendt ist erstmals 1206 im Rahmen einer Stiftung an das Kloster Scheyern erwähnt. Es kann also davon ausgegangen werden, dass dieses Waldstück des Rohnberges in der großen Rodungswelle des 11. und 12. Jahrhunderts „geschwendet" wurde.
Der Rohnberg selbst stellt auch heute noch ein faszinierendes Waldgebiet dar. Mit seinen unzähligen markanten und außerordentlich mächtigen wie vitalen Baumpersönlichkeiten erscheint dieser sumpfige Hügelvorsprung wie ein Urwald. Tannen mit 4 Meter Stammumfang und mehr sind keine Seltenheit, aber auch mächtige Rotbuchen und knorrige Bergahorne sind zu finden. Die Ältesten unter den Leizachtalern kennen noch die Erzählungen von dem großen Bergahorn am Fuße des Rohnbergs. Dieser stand in Obergschwendt und er war „so dick, dass in seiner Höhlung ein Mann mit dem außer dem Baumstamm stehenden Arbeiter die Spannsäge führen konnte".
Anscheinend gab es am Rohnberg auch immer wieder Menschen mit außergewöhnlich kräftiger Statur, auf die der Ausdruck „Menschen zum Bäume ausreißen" wohl gepasst hätte. Über den „Halmer von Mittergschwendt" ist folgende Geschichte überliefert. Am 23. November 1788 ist das Halmeranwesen vollkommen abgebrannt. Beim Wiederaufbau „hat der mit riesenhaften Kräften ausgestatte Wolfgang Mainwolf den unausgetrockneten Firstbaum ganz allein umgeschwenkt, so dass ihn hernach die Zimmerleute wieder in die rechte Lage bringen mussten. Er war der Hoagmoar, der Stärkste im Leizachtal, dazu ein verwegener Wildschütz."

3 Der kopflose „Baumschimmel" von Deisenried - Tour 1 MB

Rund um den Schwarzenberg trieb einst ein „kopfloser" Schimmel sein Unwesen. Vor allem um Mitternacht war er von so manchem „Wirtshausbesucher" stets in der Gegend von Deisenried erblickt worden. Dieses „Wotansroß" hielt sich vorwiegend auf Bäumen auf und hat sich „...wenn man in seine Nähe kam, von einem Baum zum anderen geflüchtet. Auch soll er einem gewissen Auer, Feichtenbauer von Hundham, als er auf dem Wege um die betreffende Zeit heimfuhr, während er seine Notdurft verrichtete, die Pferde ausgespannt haben".

4 Der sagenumwobene Baum beim Schnitzenbaumer - Tour 1 MB

Über die alte Linde und die Kapelle von Schnitzenbaum rankt eine sagenumwobene Geschichte: „Vom Unterland herauf gingen einst viele Wallfahrer hinein nach Brandenberg, nach Maria -Tal, Absam und zur heiligen Notburga. Der Weg von Au herauf war steil und machte Hunger und Durst. Gar oft haben die Pilger beim Schnitzenbaumer die Rüben aus dem Acker gezogen. Da ergrimmte einmal der Bauer von Schnitzenbaum und er hängte einen Pilger, der drei Rüben gestohlen hatte, am Baum auf. Zur Strafe musste der Schnitzenbaumer neben dem Baum die Kapelle bauen, die heute noch steht. Der gehängte Pilger ist an der Kapelle abgebildet".
Laut alten Aufzeichnungen war an der Ostwand der Kapelle ein Baum abgebildet, in dem ein Pilger erhängt wurde, der in gefesselten Händen drei Ackerrüben hält. Heute ist der „Er-

hängte“ am Außenportal der Kapelle nicht mehr zu erkennen. Die Witterungseinflüsse haben die Darstellung derart verbleichen lassen, dass bei der letzten Kapellenrenovierung die Abbildung überstrichen wurde.

Bei der Kapelle vom Schnitzenbaumer handelt es sich wohl um eine sehr alte sakrale Stätte. Im Innern ist eine Steinplatte ersichtlich mit den Jahreszahlen 1607 und 1733. Beide verweisen jeweils auf eine Renovierung bzw. Erweiterung der Kapelle. Bei der älteren Jahreszahl stehen die Initialen WSP, die Abkürzung SP steht wahrscheinlich für „Schnitzenpaumer“ und das W für seinen Vornamen. Doch ist auszuschließen, dass es sich dabei um den „ergrimmten Bauern“ handelte, der als Sühne für einen Mord die Kapelle errichtete. Vielmehr steht die Abbildung des „Erhängten“ gewiss in direktem Zusammenhang mit der Legende des iro – schottischen Wandermönchs Koloman. Dessen Patrozinium die Kapelle bis heute trägt.

Der heilige Koloman ist vor allem in Österreich, aber auch in Teilen Bayerns ein Volksheiliger. Seine Gebeine werden im Benediktinerkloster Melk an der Donau seit dem frühen 11. Jahrhundert verehrt. Der Legende nach erlitt Koloman sein Martyrium zu Stockerau bei Wien. Während seiner Pilgerreise nach Jerusalem wurde er als feindlicher Spion verdächtigt und an einem „verdörrten Wittenstrauch“ (Holunderstrauch) erhängt. Wie durch ein Wunder verweste sein Leichnam nicht und der Holunder begann wieder zu grünen. Dies deuteten die Menschen als Zeichen und als Beweis der Heiligkeit des Pilgers.

Koloman wird häufig dargestellt als Pilger mit einem Strick in der Hand oder an einem Baum hängend. An seinen Kapellen wurden häufig Holzköpfe und Holzlöffel geopfert. Koloman wurde zum Schutzpatron des Viehs, der Gerichtsstätten und „aller zum Tode durch den Strang verurteilten“. Eine wichtige Bedeutung bekam der Heilige auch in der Heiratssymbolik. Mit dem Spruch „Heiliger Koloman, schenk mir einen braven Mann“ galt er als „Geheimtipp – Heiliger“ für heiratslustige Frauen.

5 Die Waldverwüstung am Auerberg - Tour 1 MB

Wie in anderen Gegenden Bayerns gab es auch entlang der Alpen verschiedene Standorte, an denen sogenanntes Freiholz gewonnen werden durfte. Darunter verstand man die Zuteilung von Bäumfällungsrechten und Waldweiderechte an umliegende Anwesen. In diesem Zusammenhang tauchen in alten Forstakten immer wieder Hinweise auf Baumfrevelung, Holzausbeutung und Waldverwüstung auf. Nicht selten wurden daraufhin empfindliche Bestrafungen vollzogen.

Besonders bunt trieben es vor gut 300 Jahren die Anrainer vom Auerberg. Die dortigen Bewohner hatten dieses Waldstück derartig wüst heimgesucht und „alles umgehackt“, dass sich das Landgericht Aibling gezwungen sah, eine eigene Forstordnung für dieses Waldstück aufzustellen. Sie wurde am 15. Januar 1699 wie folgt verkündet:

1. Wer einen Hof besitzt soll jährlich zu Brennholz schlagen dürfen 16 feichtene Stämme, der Huber 8 Stämme, der Lechner 4 Stämme, die halben, drittel und viertel Lechner je 3 Stämme, die Leerhäusler 2 Stämme.
2. Der Hof soll 4 Fuder, der Huber 2, die Lechner und alle andern je 1 Fuder Daxen haben, außer den Daxen (Fichtenzweige), die sie bereits vom Brennholz haben.
3. Wer zu Zäunen, Wasserrohren, Verwuhrung (Bachverbauung) Holz braucht, soll sich Holz durch den Holzhai (Holzheger) anweisen lassen, doch darf man zur Machung der Wuhren nur Poschholz nehmen. Das Zaunholz darf nur zu jenen Gründen genommen werden, die am Auerberge selbst liegen, das andere Zaunholz ist aus dem Universal Gemain Freiholz Jenbach zu nehmen.
4. Kein Baum darf über die Hälfte und zu unrechter Zeit gestimmelt (Abschlagen der Äste zur Streugewinnung) werden, wenn der Baum in Saft ist.
5. Es soll nicht das Brennholz willkürlich genommen werden, sondern das aus Dickichten heraus zuerst, so, daß dem Holz kein Schaden geschieht.

6. Bauholz darf nicht gefällt werden.
7. Das Brennholz ist im Herbst durch den Holzhai auszuzeigen.
8. Gipfel und Äste sind aufzuarbeiten und abzuräumen, damit das junge Holz nach wachsen kann.
9. Jährlich sollen im Wechsel 4 Führer bei der Ehehaft aufgestellt werden.
10. Die Fällung soll erst am künftigen Martini und Galli seinen Anfang nehmen.
11. Die Eichelnutzung, Laubrechte, Schweineringeln, Weidbesuch bleibt wie in Ordnung von 1683. (Wälder wurden einst auch als Viehweide genutzt vor allem die Eichelmast war dabei gefragt, daher auch der Spruch „auf Eichen wachsen die besten Schinken". Vielerorts wurde allerdings veranlasst, dass die Schweine Nasenringe tragen, damit sie nicht in der Erde wühlen)
12. Wer diese Ordnung überschreitet, soll empfindlich bestraft und beim Gericht angezeigt werden.

6 Die hohe Tanne im Sulzgraben - Tour 1 MB

Auf dem Höhenrücken zwischen Lehen und Litzelau entspringen die zahlreichen Quellen des Sulzgrabens. Nur eine kurze Fließstrecke ist diesem Waldbach gegönnt eher er sich in die Leitzach ergießt. Von dem Waldstück rund um Sulzgraben existiern zahlreiche Sagen, auch von einer mächtigen Tanne wird erzählt: „Im Sulzgraben ist ein großer Wald. Alljährlich wachsen darin eine Menge Taubeeren (Heidelbeeren). An einem bestimmten Platze kann man auf den Beeren gehen. Eine mächtige Tanne erhebt sich auf dem Schlage. Schon manche Leute freuten sich über die vielen Heidelbeeren und gingen ganze Stunden, um die Beeren zu pflücken. Wenn sie an dem Platze sind und eine Beere nach der anderen pflücken, so hängt an einer hohen Tanne ein weißes Schleierkleid. Kaum erblickt man das Gewand, so werden alle Beeren grün. Ein Mann mit eisernen Ketten steigt vom Baum. Der Geist soll der alte Schnitzenbaumer, der frühere Besitzer des Waldes, sein. Das kommt daher, weil er, wie er noch lebte, den Leuten die Beeren nicht gern ließ. Sein Geist hat sich auf die hohe Tanne geflüchtet."
Neben dem „alten Schnitzenbaumer" lebt auch noch eine „Waldfee" im Sulzgraben auch sie achtet mit Argusaugen darauf, dass keine reifen Heidelbeeren diesen Wald verlassen und verwandelt diese unmittelbar nach dem Brocken wieder in grüne ungenießbare Beeren.

7 Die alte Linde am Stadlberg - Tour 1 MB

„Das wundert mich nicht!" Möchte einem vielleicht über die Lippen kommen, wenn man erfährt, dass unter der alten Linde oberhalb des Anwesens Gunetsberg ein Haberer-Treffpunkt war. Jedoch „Nix g`wiss weiß man nicht", aber was weiß man überhaupt schon von dem Geheimbund der Haberer. Ist auch verständlich, denn sonst wäre es ja kein Geheimbund. Eines steht jedenfalls fest, dass im Raum um Miesbach alle Fäden dieser „Volksjustiz" zusammenliefen.
Auserkorne Plätze und Stadl waren es, an denen man sich zur Besprechung traf. Und vielleicht war auch der weitausladende Kronenraum der alten Linde ein solcher Ort. Ohnehin galten Linden seit Jahrhunderten als Ort der Rechtsprechung, der Schwüre und der Versammlung in Mitteleuropa. Viel Phantasie braucht es nicht, um sich vorzustellen, dass unter den rauschenden Lindenblättern die Haberergeheimnisse ausgetauscht, der Ablauf des Treibens kund getan und Stillschweigen geschworen wurde. Oder sogar der legendäre Zwölferrat der Habermeister des Nachts am Stamm der Linde so manche Versammlung gehalten hat. Aber wie

gesagt, nix g´wiss weiß man nicht und die Linde, die es wüsste, schweigt in diesem geheimen Falle auch.
Viele Male hat in der Linde der Blitz eingeschlagen, doch der Baum lebt seit Jahrhunderten weiter. Frau Willert von Gunetsberg erzählt, dass sie einst als junge Frau von Agatharied herauf marschierte und man sah von weitem ein Gewitter aufziehen. Plötzlich schoß aus einer Wolke ein Blitz hervor und schlug Mitten in der Linde ein. Die Wucht des Einschlags war derartig, dass sie selbst zu Boden geworfen wurde.

8 Die „Frauenbam" beim Michlbauern in Alt-Hausham - Tour 1 MB

„Frauenbam" heißen sie, die Gedenkbäume die beim Michlbauern von Alt-Hausham stets zur Erinnerung an ein verstorbenes weibliches Familienmitglied gepflanzt werden. Die Tradition begründete Herr Stadler als seine geliebte Frau Maria Stadler geb. Eckhart 1910 im Kindsbett verstarb. Er pflanzte einen Lindenbaum und legte den Ehering in die Pflanzgrube. Das Gedenkkreuz davor kam später hinzu.
Anfang der 60iger Jahre befand sich ein Baumhaus in der Linde. Dieser beliebte Treffpunkt der Kinder brannte durch eine nicht gelöschte Kerze vollkommen ab. Da stand sie nun die vollends verkohlte Linde. Stück für Stück ließ sie einen Ast nach dem anderen fallen bis nur mehr der Baumstumpf übrig war. Doch Dank der ungebrochenen Lebenskraft in ihrem Wurzelraum trieben die „schlafenden Augen" des Stammes wieder aus und der „Frauenbam" wuchs wieder zur alten Schönheit heran, nur ein Baumhaus blieb zukünftig passé!

9 Die alte Linde am Weinberg - Tour 1 MB

Wahrlich ein königlicher Platz ist der Weinberg oberhalb des Schliersees und das erkannten auch die Monarchen des Königreich Bayerns. Alle standen sie oben von Max I. bis Ludwig III.

und ließen sich verzaubern von der herrlichen Aussicht und der gotischen Georgskirche. Selbst der Märchenkönig Ludwig II. entdeckte auf seinen Wanderungen diesen zauberhaften Platz. Geradezu in die Stimmung eines Gemäldes von Casper David Friedrich fühlt man sich versetzt, wenn man am Stamm der alten Weinberg-Linde den Blick um soviel romantischer Anziehungskraft schweifen lässt. Der Dichter Karl Stieler beschrieb seinen Besuch auf dem Weinberg folgendermaßen: „Nicht minder traulich schaut uns die Landschaft an, wenn man auf die kleine Kapelle emporsteigt........ Zu unseren Füßen breiten sich dann die braunen Dächer aus, der Glockenton steigt zu uns empor und alles Schöne, das wir sehen, ist so nah! Hier lässt sich wohl ein Stündlein verträumen in heller Morgensonne oder am Abend, ehe der Lichtstrahl von den Bergen flieht..."

Am 9. Juni 1942 traf die Linde ein schwerer Blitzschlag. Zum Glück ließ man die schwer Geschädigte stehen, so konnte sie sich wieder regenerieren und begrüßt bis heute seit Jahrhunderten die Besucher des Weinberges.

10 Der Hochzeitsbaum beim Keller in Fischhausen - Tour 1 MB

Weit verbreitet in den ländlichen Gegenden war eine symbolische Baumpflanzung anlässlich einer Hochzeit, einer Hofgründung oder der Geburt eines Kindes. Zahlreiche solcher Haus- und Hofbäume stehen noch, ja sie wachsen gleichsam als lebende Denkmale mit der Familiengeschichte mit. So auch „Beim Keller" in Fischhausen. Liebevoll in Ehren gehalten wird dort der wunderschöne Lindenbaum vorm Haus. Der Baum wurde 1897 als Hochzeitsbaum für das getraute Ehepaar Maria Maier von Pemberg und Johann Rettenbeck gepflanzt.

Der Hof „Beim Keller" hat seine Überlieferung seit 1501 und stand in direkter Verbindung mit dem Kelleramt des Chorherrnstiftes Schliersee.

11 Die alte Linde von St. Leonhard - Tour 1 MB

Wie alt mag sie sein, die alte Linde an der St. Leonhardkirche? Bereits 1595 gelobten die Fischhauser während einer schweren Viehseuche eine Kapelle „neben der Kellerlinde“ zu errichten. Doch erst ein halbes Jahrhundert nach erneutem Viehunglück wurde das Gelübde schließlich eingelöst und das barocke Kleinod entstand. Vor allem während des alljährlichen Leonhardiumrittes am 6. November bilden Kirche und Linde eine herrliche Kulisse. Früher wurde die Leonhardifahrt zusammen mit der Fischhauser Kirchweih verbunden und nicht immer zur Freude aller Beteiligten. So notiert Pfarrer Stephan Kögl am 30. Juli 1826: „Um 7 Uhr war Frühamt, dann Prozession um die Kirche mit Absingen der Evangelien. Viel Volk versammelt, Lärm, Peitschenknallen. ½ 9 Uhr Hauptgottesdienst; Amt und Predigt; die Straßen zum Kirchlein mit Reitern, Wagen und Fußgängern ganz bedeckt. In starkem Trapp und mit heftigem Knallen gings dreymal um die Kirche herum. Trompeten schmetterten ein Soldatenstücklein herunter, daß man sich in eine Bataille versetzt gesehen glaubte. Einige Purschen wagten es, nächst der Kirche wie Drescher im Takt zu knallen. Von 12 bis 2 Uhr wurde noch tüchtig gerauft“.

Vor dem St. Leonhard Kirchlein schlagen heute zwar keine Drescher mehr im Takt, aber dafür rauscht unaufhörlich der Verkehr an ihr vorüber, dessen Vibrationen dem Kirchengewölbe schon argen Schaden zugefügt haben.

12 Die alte Hoflinde im Josefstal - Tour 1 MB

Die älteste Einwohnerin vom Josefstal ist die alte Linde „Zum Weber-Simer“. Ihre Pflanzung wird in Verbindung mit der Hofgründung 1729 gebracht.
Der letzte Graf von Hohenwaldeck, Johann Josef von Maxlrain versuchte ab 1710 Eisenerz am Fuße des Prunftkogel im Hachl zu verhütten. Zu diesem Zweck siedelte er von 1727 bis 1732 erfahrene Bergleute vorwiegend aus Tiroler und der oberen Pfalz in diesem Talkessel an. Schließlich waren es 21 „bessere und schlechtere Häusl“ die sich die Neusiedler nun im „Josefstal vulgo Hachl“ erbauten. Doch dann wurde der Schmelzwerksbetrieb wegen Unrentabilität wieder eingestellt. Die Siedler blieben und versuchten mit kärglicher Landwirtschaft auf dem magern Talgrund durchzukommen. Zum Ärgernis der Fischhauser Bauern, denn sie hatten seit jeher die sogenannten Hachl – Wiesen als Sommerweide für ihr Vieh genutzt. Als Josef von Maxlrainer 1734 ohne männlichen Erben verstarb kam es zum offen ausgetragen Streit. Dabei kam es immer wieder zu Handgreiflichkeit und schließlich sogar zur Abfackelung von einzelnen Höfen der „Neuhäusler“. Umgekehrt warfen die Fischhauser diesen vor: „....das getraidt auf dem Veldt und das Obst auf den Bäumen nit sicher sei. Sie haben sowohl von den Feldfrüchten als dem Obst gezwackhet und lassen sich sogar von denen zu Hause verbliebenden Mägden nit abtreiben.“ Als ein Vergleich von 1795 die Gemüter letztlich besänftigte, gab es nur mehr neun Höfe im Josefstal, auch der „Weber – Simer“ zählte darunter.

Margareta bedeutet „Perle“ und wie zwei Perlen liegen sie auch zu Füßen des Sudelfeldgebirges, die beiden Kirchen zu Ehren der heiligen Margaretha hier in Bayrischzell, einst Margarethenzell genannt. „Barbara mit dem Turm, Margret mit dem Wurm und Katharina mit dem Radl, das sind die drei heiligen Madl“ hieß es einst und alle drei sind die einzigen weiblichen Vertreterinnen der einst so hochverehrten und angerufenen Vierzehn Nothelfer. Dabei erfreute sich Margret besonderer Verehrung als „Patronin des Nährstandes“, sowie bei Unfruchtbarkeit und Entbindungen. In ihrem Martyrologium wird berichtet, dass sie den Leibhaftigen in Gestalt eines Drachens allein mit ihrem von ganzem Herzen durchdrungenen Glauben und ihrer tiefen Liebe zähmte. Dabei unterscheidet sie sich von ihren männlichen Drachentötern dem heiligen Georg und dem Erzengel Michael, die mit eiserner Kraft und Stärke den Unhold besiegten. Aber warum nun ausgerechnet die „Margret mit dem Wurm“ gleich zweimal am Fuße dieses Gebirgszuges. Vielleicht aus Schutz vor dem gefürchteten und berüchtigtem Tatzlwurm ?
Erstmals namentlich erwähnt wird er, „zu dem Datzlwurm hibei Aschowe an dem Aurbach“ im Jahre 1247 in einer Urkunde vom Grafen Preysing auf Schloß Kirnstein. Dabei ist er nur einer unter vielen Tatzlwürmern, diesen Gebirgsdrachen, die so viele Mönche und Einsiedler dazu bewogen ihre Klausen aus Angst vor dem Untier wieder zu verlassen.
Zum besseren Verständnis hier eine kleine Drachenkunde: Ein Tatzlwurm ist der kleine alpenländische Verwandte der berüchtigten Sippschaft der Lindwürmer. Lindwurm war einst die gängige Bezeichnung für Drache. Der Name leitet sich ab vom althochdeutschen Wort „lint“ gleich Schlange. Genau so werden sie auch beschrieben diese Würmer. Meist schlängeln sie eher scheu, aber nicht minder gefährlich, denn Lind- und Tatzlwürmer sind keine Vegetarier, durch die Gegend. Bewährt sind sie mit zwei Pranken am Vorderleib. Sie leben in Höhlen, lieben es feucht, spucken giftigen Schleim oder speien Feuer. Bisweilen haben sie auch kleine verkümmerte Flügel.
Wahrlich ein Naturwesen der 4 Elemente und gerade für die Unbilden der Naturgewalten standen sie auch und die galt es eben zu besänftigen. Ein wenig erahnen kann man derartige ursprüngliche und ungezähmte Naturkraft bei dem Wasserfall „Tatzlwurm“ an der Sudelfeldstraße, dessen Wassermassen einen wirklich „verschlingen“ können.
Der berühmteste Verwandte des Tatzlwurmes ist gewiss der Lindwurm Fafnir (Fafner), der in der Nibelungensage von Siegfried (Sigurd) getötet wird. Während Siegfried in dessen Blut badet, das ihn unverwundbar macht, löst sich ein Blatt von dem mächtigen Lindenbaum, der vor der Pforte des Lindwurms steht. Unbemerkt bleibt es zwischen der Schulter von Siegfrieds Rücken liegen und genau an dieser Stelle wird ihn später der tödliche Speerwurf des Hagen treffen. So wird gerade die weiche und weibliche Linde sowohl für den Lindwurm Fafnir als auch für Siegfried zum Symbol der Verletzbarkeit.
Eine herrliche Freilichtkulisse für diese Szene hätte Mitte des 19.Jahrhunderts die mächtige Einsiedlerlinde von Bayrischzell abgegeben von ihr wird im Heimatbuch berichtet: „.....Früher stand auf dem Platze, wo heute das alte Schulhaus steht, eine mächtige Linde, nur 10 Meter hoch, aber mit einem Durchmesser von 3 Meter; das wird wohl jene Linde gewesen sein, unter deren schützender Krone einer der zwei Einsiedler von 1050, wie der Chronist Konrad von Scheyern erzählt, sein Zelt aufgeschlagen hatte.....Der Kurat Köck richtete sich in dem hohlen Baume seine Studierstube ein mit einem Tischchen, Bänkchen und deiner Bücherstelle. Köck war ein berühmter Theologe, zu dem mehrmals Abgesandte des Bischofs von Freising kamen. Mit diesen besprach sich Köck dann in der idyllischen Studierstube. Leider musste die Linde, das Wahrzeichen eines Jahrtausends, infolge Einsturzgefahr anfangs der 60iger Jahre gefällt werden. 1868 wurden an dieser Stelle das Schulhaus gebaut.....“
Zum Gedenken an den ehwürdigen Baum pflanzte die Gemeinde eine Linde nach.

Drei Gedenklinden in Bayrischzell

Auch wenn die alte „Einsiedlerlinde“ nicht mehr steht, so erinnern heute immerhin gleich drei Linden an wichtige Gedenkfeiern und Anlässe in Bayrischzell.

14 Die König – Max II. Linde in Bayrischzell - Tour 1 MB

Als „Unsere Königslinde“ wird sie im Heimatbuch beschrieben und anlässlich des Besuchs von König Max II. wurde sie gepflanzt. Hier der ausführliche Bericht aus dem Heimatbuch: „Am 14 Juli 1858 machte König Max II. den Bayrischzellern einen kleinen Besuch, als er den Wendelstein bestieg. Die Ankunft war auf 9 Uhr festgesetzt. Um halb 9 Uhr früh versammelten sich die Zeller Gebirgsschützen in ihrer historischen Tracht mit ihrem Hauptmann, dem Vorsteher Nikolaus Auracher, die Zeller Sänger und Sägerinnen mit ihrem Dirigenten, dem Lehrer Konrad Schmid, und die übrigen Ortseinwohner auf dem Platz vor dem Pfarrhof, Herrnfleck genannt. Punkt 9 Uhr traf der König mit seinem Gefolge ein: General Graf Pappenheim, General Graf Ricciardelli, General Ludwig von der Tann, Professor Kobell, Professor Dr. Riehl, Professor Bodenstedt, Leibarzt Dr. Gietl, Schriftsteller Georg Jakob Wolf, Leibdiener Mages und Leibkoch Ebenhöch.

Der König stieg ab. Bürgermeister und Gebirgsschützenhauptmann Nikolaus Auracher hielt eine Ansprache, worauf die Menge die Bayerische Königshymne sang. Außerdem wurde dem König zu Ehren das Wendelsteinlied gesungen; darauf erhielt jede Sängerin einen Dukaten zum Andenken. Hernach begann der Aufstieg zum Wendelstein, sechs Ponnys waren für die Herrn bereitgestellt. Nach vierstündigem Marsche – fast ganz Bayrischzell ging mit – gelangten sie an der Spitze beim Kapellchen an. Die Sänger mussten alle Lieder „Der Gamsjager“ oder Lieder von Kobell singen. Beim Aufstieg sagte der König zum Dicklbauer Balthasar Acher: „Du bist doch der König von Bayrischzell?“ „Ja“ sagte derselbe, „a so hoaßn mi´ d´Leut´.“ Darauf der König: „Ich bin der König von Bayern und du bist der König von Bayrischzell. Deshalb darfst du mir auch dann mein Leibroß nach Bayrischzell hinunterführen“. Was dieser auch tat.
Sodann folgte der Abstieg zur Stefflhütte. Ein Tisch und ein Zelt wurde in Eile aufgeschlagen; während nun der König auf einer Kraischterbank auf der Lärcheralm ausruhte, wurde ein Hammel geschlachtet und fertig gekocht. Weidlinge, Schaffeln und Söchter wurden als Kochgeschirre hergenommen. Nach der Mahlzeit verlangte der König auch Schmalznudeln von der Sennerin; mit gutem Appetit ließ er sich drei derselben schmecken.......Beim Abstieg in der Nähe von Hochkreut sagte der Zellerbauer zu den Sängerinnen: „Dirndln, jetzt müaßt´s no oans singa!“ worauf der König meinte: „Aber lieber Mann, die Madln sind doch auch müde, laß es gut sein!“ Aber der Zellerbauer polterte los: „Na, na, Kini! Dia Schintluada soll´n no singa, an Kini ham ma bloß oamoi bei ins“. Drauf sangen die Dirndln noch eins. Bei Dunkelwerden traf der König mit Gefolge in der Zell wieder ein.....Nun machte der Stefflbauer Stephan Staudacher den Vorschlag, an der Stelle, wo der König abgestiegen, zur Erinnerung an diese Wendelsteinbesteigung Max II. eine Linde zu pflanzen. Dies geschah auch und heute steht sie als ein mächtiger und kräftiger Baum da. Möge er, unbeschadet von Blitz und Sturm, seine schützenden Äste über unser Heimatdörfchen noch viele Jahrhunderte breiten, zum Segen aller Zeller!“

15 Die Faulhaberlinde in Bayrischzell - Tour 1 MB

Am 4.Juni 1924 besucht Kardinal-Erzbischof Michael v. Faulhaber zur Firmung die Pfarrei Bayrischzell: „.....Bei der Königslinde, vor dem Pfarrhof, hatten sich der Ortspfarrer, der Gemeinderat, die Vereine mit ihren Fahnen, die Schulkinder und eine Große Menge Bevölkerung versammelt. Unter Glockengeläut und Böllerschüssen bewegte sich der stattliche Festzug zum festlich geschmückten, in Tannen- und Birkengrün gehüllten Kirchlein...." 29 Kinder wurden gefirmt, abends wurden Bergfeuer entfacht und es gab ein großes Fest in Bayrischzell. Zum Gedenken an diesen erwürdigen Besuch wurde eine „Kardinalslinde" vor die Pfarrkirche gepflanzt.

16 Die Korbinianslinde in Bayrischzell - Tour 1 MB

Die dritte im Bunde der Zeller Gedenklinden ist die Korbinianslinde. Sie wurde im Rahmen der Festlichkeiten zum 1200 jährigen Korbiniansjubiläum am 11.November 1924 gepflanzt. Der hl. Korbinian war der erste Bischof von Freising. Seine Gebeine werden in einem kostbaren Schrein in der Krypta des Freisinger Domes aufbewahrt. Westlich des Domes errichtete er eine kleine Kirche zu Ehren des hl. Stephan, daraus ging später die Benediktinerabtei Weihenstephan hervor.

17 Der alte Bergahorn in Bayrischzell - Tour 1 MB

Unweit der 1913 durch Graf Schönborn-Wiesentheid gestifteten Rosenkranzkapelle steht ein beeindruckender Ahornbaum. Er ist als Naturdenkmal ausgewiesen. 500 bis 600 Jahre können sie alt werden diese knorrigen Persönlichkeiten, die selbst noch in einer Höhe von 1300 Metern Wind gepeitscht und von Schneelast niedergedrückt wachsen.

18 Die Linde der Schulschwestern in Birkenstein - Tour 1 MB

Regen Zulauf hatte der junge Orden der „Armen Schulschwestern" im 19. Jahrhundert und die Filialen wuchsen schnell. Theresa Gehardinger hieß die Gründerin und sie war eine selbstbewusste Frau. Manchen „Patriarchen" der Zeit auch zu sehr emanzipiert und so hatte sie es nicht leicht mit ihrem inneren Auftrag, einen Orden ins Leben zu rufen, der sich der Erziehung und Ausbildung von Mädchen, jungen Frauen und Waisenkindern annahm. Gerade darin erkannte sie die Not der damaligen Zeit der Industrialisierung, als die alten Formen der gesellschaftlichen Ordnung in vielen Bereichen auseinanderbrachen. Mit unermüdlicher Energie kämpfte sie für ihre Idee und immer mehr Förderer unterstützten ihr Engagement. Auch König Ludwig I. zählte dazu, in dessen „Ruhmeshalle der Deutschen", der Walhalla, sie als eine der wenigen Frauen Einzug gehalten hatte.

Auch in Birkenstein ließen sich Schulschwestern nieder, nahmen sich der verlassenen Wallfahrtsstätte an und gründeten eine Schule. Zuvor hatte der Münchner Hofwagenfabrikant Georg Lankenperger 1846 ein „Klösterl" neben der Kirche gestiftet. Mit dem Einzug pflanzten die Schwestern eine Linde vor ihre neue Wohn- und Wirkungsstätte. Prächtig erscheint ihr Kronenraum heute über dem Wallfahrtsort. Besonders gut nimmt man die Ausmaße dieses Gründungsbaumes vom schräg gegenüberliegendem Kalvarienberg wahr.

19 Die Legende von Birkenstein - Tour 1 MB

Aus sieben heilsamen Quellen speißt sich der Sage nach der Heilbrunnen von Birkenstein. Doch in seinem Namen trägt der Ort Baum und Stein. Einer Traumerscheinung verdankt die Wallfahrtsstätte ihren Ursprung. Gleichzeitig träumten drei Männer, dass hier an dieser Stelle ein Pilgerort zu Ehren der Muttergottes entstehen soll. Geträumt, getan! Allerdings mit

10jähriger Verzögerung. 1673 wurde die erste kleine Holzkapelle „auf dem Stein“ gebaut. Ein riesiger Fels ragte nämlich auf dem Platz hervor, wo heute die Kirche steht. Mit dem Kapellenbau pflanzte „der untere Bergschmied“ Georg Bernrainer mehrere Birken. Dadurch bekam die Pilgerstätte ihren Namen. Erstmals urkundlich bezeichnet 1702 als „Pirkhenstein“. Warum es gerade Birken waren, bleibt ungeklärt. Vielleicht wurde ihr Pflanzer durch die Maienbäumchen inspiriert, die man an so manchen Festtagen und Prozessionen zum Schmücken der Altäre und Straßenzüge schnitt. Jedenfalls macht Birkenstein seinem Namen bis heute alle Ehre. Denn schlanke Birken umspielen jugendlich, wie deren Wesensart nun mal ist, die sakrale Anlage. Diese Leichtigkeit setzt sich fort im Inneren des heiteren Rokokokirchleins und mündet schließlich in dem „Birkensteiner Sternenhimmel“ des Kirchengewölbes.

20 Der Bischofsbaum Beim Salmer - Tour 1 MB

Höchsten Besuch bekam Birkenstein 1786 ihm Rahmen der Firm- und Kirchweihereise des Freisinger Fürstbischofs Ludwig Joseph von Welden ins bayerische Oberland. Vom 28. Juli bis 12. August zog er über Weyarn, Miesbach, Parsberg, Fischbauchau, Birkenstein, Bayrischzell, Elbach, Tegernsee, Gmund, Warngau und Holzkirchen. Hunderte von Gläubigen empfingen durch den Fürstbischof das Sakrament der Firmung und in Bayrischzell wurde die neugestaltete Filialkirche durch ihn eingeweiht.
Dank der vollständig erhalten gebliebenen Tagebuchaufzeichnungen des fürstbischöflichen Hofkavaliers Ferdinand Wilhelm Freiherr von Bugnier des Croisettes ist für die Nachwelt ein herrliches Zeitdokument über diese Reise, die Ereignisse während der einzelnen Aufenthalte und vor allem so manche Episode über die Bewohner der Region entstanden. Erfreulicherweise findet sich auch eine „Baumgeschichte“ darin, die im folgenden in ihrem original Wortlaut wiedergegeben werden soll: „......Diesen Abend (*Anm. 6.8.1768*) wollte Ihro Hochfürst. Gnaden die Gegend von einem auf der Anhöhe gelegenen Bauern Hof und dessen Garten aus besehen und ritten auf des H. Hofkaplan Schmid die ganze Reise hindurch bey sich gehabten Pferde dahin, wo auch das übrige Personale nebat dem H. Propsten und H. Pfarrer zu Fuß eintraffe; der Gnädigste Herr stiegen vom Pferd und giengen noch höher den Berg hinauf, kammen jedoch bald wiederum zurück und sassen sich in dem Garten des Bauern an einem von ihme zubereiteten Tische nieder und tranken daselbst ein Glaß weisses Bier. Der Bauer, beym Salma oder Seelmayer Bauern genannt, und die Bäuerinn vor Freüden ganz ausser sich den Gnädigsten Herrn und Fürstbischofen in seinem Umfang zu haben, brachte sogleich die Gesundheit aus einem mit Kirschengeist gefüllten Glas dieses ist nemlich in dasigen Gegenden der erste Freüdeschaftsgruß bey den gutherzigen Leüten, er setzte Kirschen, Kirschenmuß sammt den darinn gelassenen Steinen oder Kernen, endlich Schugsen vom schwarzen Mehl auf und gab dem übrigen Personali alles, was er konnte, auch die Bäuerin eröfnete mit Freüden ihre gute Kamer, das will sagen, jene Kamer, worinn ihr beste Habseligkeiten, Sonn- und Feyrtag Gewand, aufbehalten sind, um ihr Vermögen zu zeigen.

Endlich kamme der Bauer auf einen Gedanken, der die Natur und Eigenschaften dieses Volks wahrhaft auszeichnet. Er sagte nämlich, dass er und seine Kinder die höchste Gnade, den Fürst-Bischofen in seinem Hause und Garten gehabt zu haben, nimmermehr vergessen werden; damit aber ein bis zu seinen spätesten Enikeln fortdauerndes Denkmal vorhanden bleibe, so müsse sein jüngster Pub in Gegenwart seiner übrigen Geschwisterten, weilen gähling eines oder das andere sterben dürfte, an den Platz, wo der Fürst Bischof gesessen ist, eine Grube ausmachen und darinn einen Obstbaum setzten, welcher den Namme Bischofsbaum führen solle, und wenn er Früchten tragt, sollen diese allzeit Früchten vom Bischofsbaum genannt werden, ein mehreres könne er nicht thun......"

Der Obstbaum von einst existiert heute nicht mehr. Es ist anzunehmen, dass der Salmer einen Apfelbaum pflanzen ließ und die haben eine Lebenserwartung von circa 100 Jahren. Heute erinnert eine Gedenktafel vor einem jungen Apfelbaum auf dem Weg vom Salmer nach Birkenstein an dieses Ereignis.

Weitere heiter- barocke Reisebeschreibungen können Sie in der Gesamtedition dieser Bischofsreise mit zahlreichen Erläuterungen von Dr. Roland Götz nachlesen. Erhältlich unter ISBN 3-7954l448-2 Verlag Schnell und Steiner GmbH, Regensburg

21 Die alte Wetterfichte am Breitenstein und der Gattern im Baum - Tour 1 MB

Knorrig-markante Baumpersönlichkeiten begegnen dem Wanderer immer wieder auf dem Anstieg zum Breitenstein. Eine von ihnen war die „Alte Wetterfichte". Sie wurde auch bei Ausflügen der Schulen von Elbach und Birkenstein besucht. Da gehörte es natürlich dazu, auszuprobieren wie viele Kinder in dem Stamm Platz haben. „Rekord!" hieß es dann 1926 als 16 Schüler „über-, ober-, neben- und untereinander" den hohlen Baum ausfüllten.

Vielleicht kannten auch die beiden „Lausbuben" aus der folgenden Geschichte die alte Wetterfichte: „Zwei Buben gingen auf den Breitenstein. Einer von ihnen wollte jeden Gattern aushängen und fortschleppen. Aber der andere willigte nicht ein. Da kamen beide an einen neuen Gattern. Diesen hängte der eine Knabe aus und schleppte ihn fort. Als es Abend wurde, sagte er zum andern: „Geh, hilf mir den Gattern auf einen Baum hinauftun!" Als beide den Gattern fast oben hatten, kamen unten an den Baum Räuber und zählten ihr gestohlenes Geld. Da konnten beide Buben das Lachen nicht mehr lassen und ließen den Gattern fallen. Als die Räuber das hörten, liefen alle entsetzt davon, und nun hatten beide Buben das ganze Geld."

22 Die alte Dorflinde von Elbach - Tour 1 MB

Mit einer jungen Dorflinde hat diese erste „Von Baum zu Baum" – Tour begonnen und an einem wahrlich ehrwürdigen Dorflindenplatz endet sie. Hauptlehrer Josef Brunhuber aus Elbach schrieb in seiner Chronik des oberen Leizachtales über diesen Lindenort: „Schon 1507 wird die Linde genannt. Heute noch ist der Platz unter der Linde der Versammlungsplatz der Gemeinde nach dem Pfarrgottesdienst. Hier trifft man sich und regelt seine Geschäfte. Einst wurde unter der Linde das Dorf- oder Ehehaftgericht gehalten, bei dem die Ortsgesetzte vom Amtmanne vorgelesen wurden. Unter der Linde war auch der Spiel- und Tanzplatz der Jugend.

Der Abhang zwischen der Linde und dem Schulhaus ist, seit die Schule besteht, für die Kinder der Platz zum Schlittenfahren. Die jetzige Linde steht an der Stelle, an der ihre uralte mächtige Vorfahrin stand. 1842 hat sie der Widnbauer Johann Mair gepflanzt."

Tour 2 - MB

Länge: ca. 45 km
Ausgangspunkt: Parkplatz in Tegernsee
Strecke: gute Straßenverhältnisse, weites gehend ab von Hauptstraßen
Steigungen: viele kleine bis mittlere Höhenunterschiede

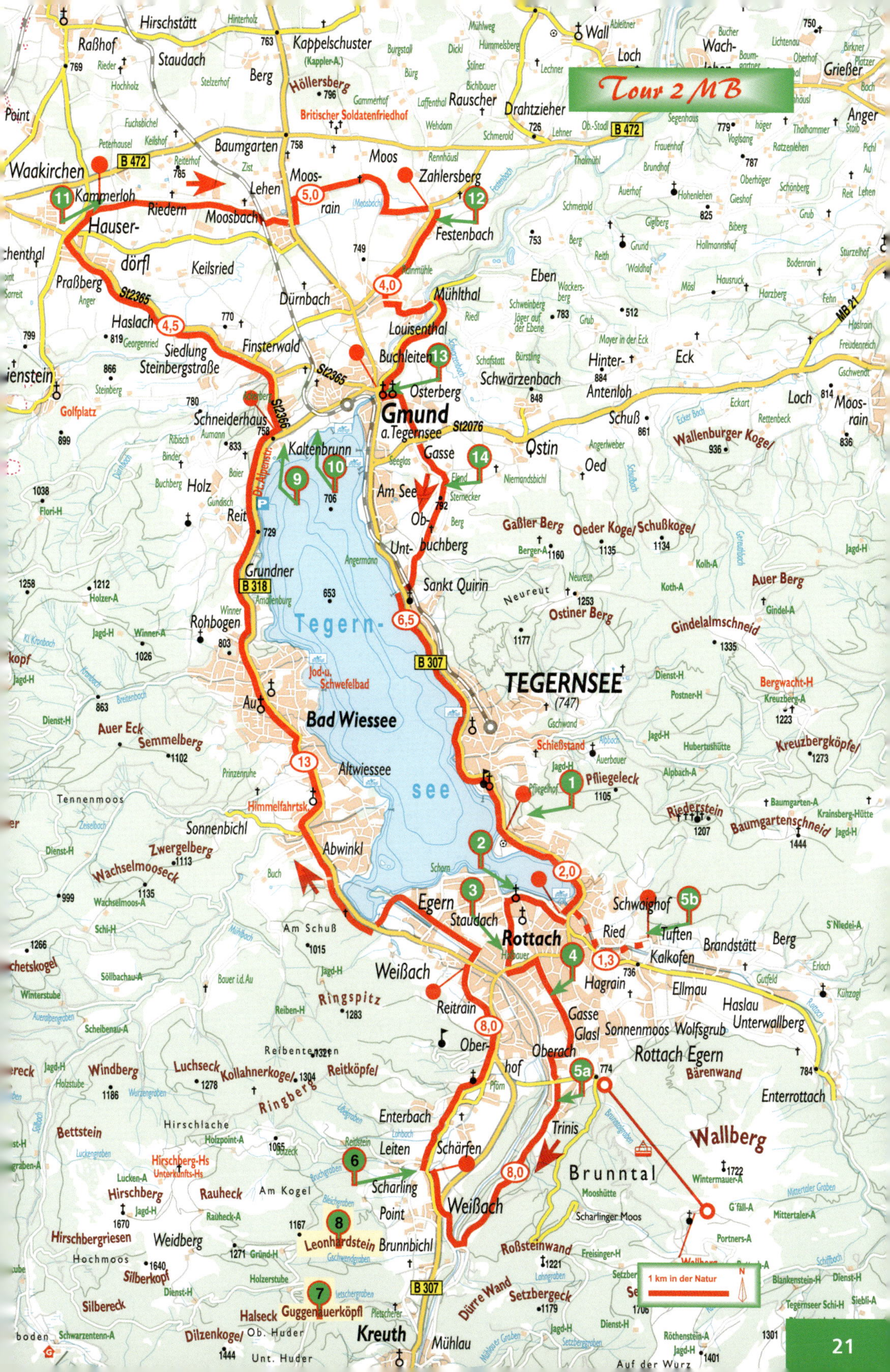

Tour 2 MB
Waakirchen
Kammerloh
Hauserdörfl
Riedern
Moosbach
Lehen
Moosrain
Baumgarten
Zahlersberg
Festenbach
Mühlthal
Louisenthal
Buchleiten
Osterberg
Gmund a. Tegernsee
Gasse
Dürnbach
Finsterwald
Siedlung Steinbergstraße
Haslach
Praßberg
Keilsried
Schneiderhaus
Kaltenbrunn
Holz
Reit
Am See
Ob-buchberg
Unt-buchberg
Sankt Quirin
Grundner
Rohbogen
Tegernsee
TEGERNSEE
(747)
Bad Wiessee
Jod-u. Schwefelbad
Au
Altwiessee
Abwinkl
Egern
Staudach
Rottach
Ried
Tuften
Kalkofen
Schwaighof
Hagrain
Weißach
Reitrain
Oberhof
Oberach
Gasse
Glasl
Sonnenmoos
Rottach Egern
Enterbach
Leiten
Schärfen
Scharling
Point
Weißach
Trinis
Brunntal
Wallberg
Kreuth
Leonhardstein
Guggenauerköpfl
Brunnbichl
Pflieglecк
Riederstein
Baumgartenschneid
Ostiner Berg
Gindelalmschneid
Kreuzbergköpfel
Wallenburger Kogel
Hirschstätt
Raßhof
Staudach
Kappelschuster
Höllersberg
Britischer Soldatenfriedhof
Rauscher
Drahtzieher
Loch
Wall
Moos
Eben
Schwärzenbach
Hinter-Antenlon
Eck
Ostin
Oed
Gaßler Berg
Oeder Kogel/Schußkogel
Auer Berg
Semmelberg
Auer Eck
Zwergelberg
Wachselmooseck
Sonnenbichl
Himmelfahrtskirche
Ringspitz
Windberg
Luchseck
Kollahnerkogel
Reitköpfel
Ringberg
Hirschberg
Rauheck
Weidberg
Silberkopf
Bettstein
Roßsteinwand
Setzbergeck
Dürre Wand
Enterrottach
Unterwallberg
Haslau
Ellmau
Brandstätt
Berg
B 472
B 318
B 307
St2365
St2366
St2076
1 km in der Natur

1 Der Gedenkbaum auf dem Großen Paraplui in Tegernsee - Tour 2 MB

Was für ein prächtiger Empfang muss es gewesen sein, als Zar Alexander I. von Russland und Kaiser Franz I. von Österreich auf ihrer Reise zum Kongress nach Verona 1822 König Max I. Joseph in Tegernsee besuchten. Mit ihnen waren 257 hohe adelige Gäste kommen. Es gab ein großes Fest und ein Feuerwerk. Zum Gedenken an dieses ehrwürdige monarchische Treffen wurde auf den Großen Paraplui eine Ulme gepflanzt und vier Gedenksteine mit den Initialen M, F, A und dem Datum 8. Oktober 1822 aufgestellt. Durch einen Windwurf stürzte die Ulme 1925 um. Von dem entwurzelten Stamm wurde eine Baumscheibe gesägt und von Johann Evangelist Stadler als Andenken gestaltet. Sie kann heute im Heimatmuseum in Tegernsee besichtigt werden.

Den „Großen Paraplui" erreicht man am besten über den Walderlebnispfad im „Lärchenwald" von Tegernsee. Steht man dann oben auf dem 820m hohen Hügelvorsprung wird der Besucher mit einem wirklich kaiserlichen Blick in die Täler von Rottach und Weißach belohnt.

Eine Broschüre über den Walderlebnispfad „Lärchenwald" erhalten sie bei der Tourismusinformation von Tegernsee. Tel.: 08022/180140

Wenn Sie mehr über die Spuren der Wittelsbacher im Tegernseer Tal erfahren wollen, finden Sie in dem Buch „Das königliche Tal" ISBN 3-392949-53-6 auf 30 Stationen weitere spannende Ausführungen.

2 Der Marianische Wunderbaum in Egern - Tour 2 MB

Ruhig ist es geworden um die Pfarrkirche St. Laurentius in Egern. Bei soviel kulturhistorischen und landschaftliche Aktraktionen rund um den Tegernsee betreten heute nur wenige Besucher diesen Kleinod. Laut Urkunden wurde die Kirche unter Abt Aribo von Tegernsee gegründet und erfuhr in der Gotik und im Frühbarock so manche Erweiterung. Doch dann wurde die Pfarrkirche von Egern berühmt und mit der Beschaulichkeit des Ortes war es zunächst einmal vorbei. Am Ende des Dreißigjährigen Krieges ereigneten sich mehrere „Wunderheilungen", die man in Zusammenhang mit dem Gnadenbild „Unsere Liebe Frau von Egern" in einem Seitenaltar der Kirche brachte. Immer zahlreicher strömten die Menschen zu diesem neuen Gnadenort. 1707 / 08 war sogar eine Verlängerung der Kirche um drei Joche erforderlich um den Pilgeransturm aufnehmen zu können.

Damals begann Pater Alphonsus Hueber alle Mirakel schriftlich festzuhalten. Das daraus entstandene Mirakelbuch nannte er „Marianischer Wunderbaum". Warum er gerade diesen Titel wählte und welche vielfältige Allegorie Pater Hueber damals mit dem Baum als Mariensymbol verband macht der folgende kleine Ausschnitt aus der Einleitung deutlich. Zugleich lässt sich durch die farbenreiche Sprachweise auch die heute überschwänglich anmutende Gefühlswelt des Hochbarocks erspüren:

„.......Von König Saul erzöllt die göttliche schrift, das, als dieser von seinen Feindten sehr gefehrlich bekrieget wurdte, auch in solchen seinen trüeben Ungewitter kein sichere Hülf un Zuflucht wuste, hat er sich mit seinen khleinen Völckhlein under denn Schuz und Schatten eines Granatapflbaums begeben, alda mit gueten Vetrauen die Hülf des Allerhechsten erwartent, welcher Einschlag ihme auch dermassen glickhlich gelungen, das der König under heldenmüethiger Anfiehrung seines Prinzens Jonathae die Philister völlig geschlagen und yberwundten habe.

Das dieser Baum ein Vorbildt und Figur deiner, o trostreiche Nothelfferin seye, will bey dennen heiligen Vätern in keinen Zweifl gezogen werdten; und eben darum hab ich auch von disen deinen zusammengetragnen und in ein Buech zusammenverfasten Wunderwercken und auserlösnen Gnadengeschichten den Titul, nit zwar eines Granatapflbaums, wol aber Marianischen Wunder-

baums zueignen wollen, weillen niemandt ungetrester hinweg gehet, der under disen deinen Wunderbaum fliechet, will sagen, in seinen villfeltigen Widerwertigkheiten, Khranckheiten, Leibs und der Seelen Beschwernussen etc. sein Zueflucht und Vertrauen zu disen deinene Gnadenorth zu Egern gesezet, nemblich zu ienen Marianischen Wunderbaum, der kein andere Frucht, als der Liebe und des Lebens, als der gewisisten müetterlichen Hülf und Beystandt traget. Under dises deines Wunderbaumes gnadenreichen Schatten beschütze mich noch fehrner und alle die einige, welche dich in disen deinen zu deiner Verehrung und Lieb absonderlich auserwölten Gnadenorth mit khindlichen Vertrauen umb dein müetterliche Hülf und allvermögenten Vorbitt zu Gott bestendtiglich anrueffen und bitten, o Muetter der göttlichen Gnaden! Sey und verbleibe noch fehrner und verschaffe gnedigiste Schutzfrau so wol in dem Leben als in dem Todt, mache und verschaffe, damit ich sambt meinen anvertrauten lieben Schäflein, auch all andern deinen gethreuen wahren Pflegkhündern, durch dein grosmögende Vorbitt bestendig in der Gnad Gottes erhalten, nach disem Leben aber auch dir und deinen liebsten Sohn Christo Jesu ewiglich zu diennen und in den Reich der ewigen Glori aufzuwarthen verordnet werde. Also winsche und verlange ich von ganzen Herzen, o allgemeine Trostmuetter aller Betriebten und Kleinmüetigen, du unser Lieb, du unser einzige Hoffnung und Zuflucht nach Gott.“

3 Die Verfassungslinde und der Freiheitsbaum von Egern - Tour 2 MB

Lange hielt sich die Überzeugung, dass unter der alten Linde von Egern 1818 die erste Verfassung Bayerns unterzeichnet wurde. Zum 150jährigen Jubiläum des gedenkwürdigen Aktes veranlasste der bayerische Senat 1968 sogar die Sanierung der „Verfassungslinde“ damit sie würdevoll die Jubiläumsfestschrift als Titelbild schmücken kann.

Die besagte konstitutionelle Verfassung wurde am 26. Mai 1818 von König Max I. Joseph unterzeichnet. Allerdings vollzog sich dieser denkwürdige Staatsakt in München und leider nicht unter dem beschirmenden, fröhlichen Laubdach der Egerer Linde. Dennoch ist überliefert, dass der König an diesem „linden Platzerl“ einst zum Frühstück mit seinem Minister verweilte.

Vielleicht handelt es sich bei der „falschen“ Verfassungslinde aber auch um den Freiheitsbaum, den einst französische Soldaten pflanzten, die in Egern im Rahmen des zweiten Koalitionskriegs 1800 einquartiert waren. Damals besetzte das napoleonische Heer das westliche Tegernseeufer von der Rottach- bis zur Mangfallmündung. Bevor es schließlich zum entscheidenden Sieg Napoleons über die österreichisch – bayerischen Truppen bei der Schlacht von Hohenlinden am 3. Dezember kam.

Abt Gregor Rottenkolber vermerkt über die Baumpflanzung in seinem Tagebuch: „Am 10. August ist in Egern ein Freiheitsbaum gepflanzt worden von französischen Soldaten, wovon ich erst beim Nachtessen Nachricht erhalten habe“ .

Wie auch immer, es ging jedenfalls „demokratisch“ zu um diesen Baum. Daher eine kurze „Demokratiekunde“ von Bayern. Innerhalb der erwähnten ersten Verfassung von 1818 wurde noch kein parlamentarisches System bzw. die Volkssouveränität im heutigen Sinn verankert. Vielmehr handelte es sich um ein Zweikammernsystem, indem ausschließlich die obersten Stände von Geblüt, Besitz und Bildung vertreten waren. Doch war damit zumindest ein Anfang gesetzt einer herrschenden Willkür eines Monarchen entgegenzutreten. Eine Verfassung im Sinne einer demokratischen Republik bekam Bayern erst 1919. Schwer war es damals die Vorraussetzungen einer funktionierenden Demokratie in Gesellschaft und Staat zu integrieren und zu stabilisieren. 1933 fand sie eine jähe Unterbrechung durch die nationalsozialistische Diktatur des 3. Reiches. 1946 kam es dann zur Unterzeichnung der dritten bis heute gültigen bayerischen Verfassung.

4 Die Wittgenstein – Allee - Tour 2 MB

Wahrlich ein Kleinod in Rottach ist die Wittgenstein – Allee mit ihrem alten Baumbestand.
Einst umsäumte sie die sogenannten „Wittgenstein – Wiesen", die nördlich und westlich zum Anwesen der Familie Wittgenstein gehörten. In der zweiten Hälfte des 19. Jahrhunderts wurde sie angelegt. Eine erste Sanierung erfuhr die Allee bereits in den 60iger Jahren durch den damals bekannten „ersten Baumchirurgen" in Deutschland Alexander Valger.

5a Der Walderlebnispfad Weißachau
5b Der Keltische Baumkreis an der Rottach - Tour 2 MB

Spannend und lehrreich ist der Walderlebnispfad Weißachau. Auf mehreren Stationen wird Naturfreunden die Bedeutung des Auwaldes und vieles mehr erklärt, auch Auwaldbäume sind dabei.
Auf dem Rundweg des „Keltischen Baumkreises" von der Tuften zur Rottach können interessierte Besucher an Hand von Schautafeln viel Wissenswertes über die zauberhafte Symbolwelt der Bäume und deren mannigfachen Beziehungen zu uns Menschen erfahren.
Weitere Informationen zum „Walderlebnispfad Weißachau" und dem „Keltischen Baumkreis", sowie dazugehörige Begleitbroschüren erhalten Sie bei der Tourismus – Information der Gemeinde Rottach – Egern: Tel.: 08022 - 671341.

Baumerinnerungen aus dem Kreuthertal (6-7-8 / Bäüme nicht mehr vorhanden)

Der Bahnbeamte und leidenschaftliche Baumphotograph Friedrich Stützer machte bei seinen zahlreichen Reisen durch Bayern auch einen Abstecher in die Bergwälder im Kreuther-Tal. Natürlich mit Kamera und das blieb vor gut hundert Jahren gewiss nicht ganz ohne Strapazen. Stützer beschrieb die ursprüngliche Baumwelt dieses Landstrichs damals folgendermaßen: „......... Wer sich über das bizarre Gewirr liegender bemooster Stämme, emporstarrender Aststümpfe und riesiger Farne glücklich hindurchgearbeitet hat und nun staunend aufblickt in das stolzragende Wipfelgewirr, den mag es mit heiligem Schauer erfassen und im Geiste zurückführen in die fernen Tage, da bis auf den Bergsee herab der Urwald seine schwarzen Schatten wob, als kaum noch der erste Klostereinbaum still über die Fluten zog........Schauen wir uns nun die einzelnen Baumriesen selbst etwas näher an.... Zehn und mehr Festmeter Holz geben die meisten Fichten und Tannen.....Bäume von 45 Meter Höhe und 5-6 Meter Umfang auf Brusthöhe sind in größter Anzahl vorhanden. Sehr interessant ist ein in nächster Nähe der Aueralm (Bad Wiessee) stehender etwa 25 Meter hoher Baumstrunk, vollständig dürr, von 7,5 Meter Umfang auf Brusthöhe, welcher ganz hohl ist, so dass darin fünf Personen bequem Platz finden....... Desgleichen findet sich in der Abtheilung „Neuhüttengraben" eine etwa 20 Meter hohe, noch grüne Buche von 7 Meter Umfang auf Brusthöhe. Die Vegetation im Urwalde besteht in der Hauptsache aus Farnen, Waldmeister, Sauerklee und Pestwurz. Ein reizendes Bild bieten die oft üppig von Moos und erwähnten Gewächsen überwuchert umher liegenden Stammkolosse, hier gleich den abgestorbenen stockenden Stämmen „Rohnen" genannt. Als interessant ist noch die Thatsache zu verzeichnen, dass im westlichen Theil der Abtheilung „Aueralpgräben" zu Anfang des vorigen Jahrhunderts plenterweise einzelne Stämme herausgenommen und an die Lenggrieser verkauft wurden und zwar – dem damaligen Holzpreise entsprechend - das Stück für einen Groschen".

6 Der Ahornstumpf bei Scharling - Tour 2 MB

Bei Scharling stand einst ein alter Bergahornstumpf mit 7,20 Meter Stammumfang. Über den folgendes Gedicht erhalten blieb:

Der alte Baam
Bei Scharling hint, gen Hirschberg zua,
Da steht an alter Stumpn,
Zum Himmi, als wia Schutzbegehr,
Streckt er die Äst, die krumpn.
Der Stamm is hohl und rindnschwach,
Ma´ kennt´s, er war mal mächti´
Verknorzt, verriss´n is der Baam
Und do´treibt er no´prächti´.
Viel Tausend ham den Alt´n wohl,
An Ahorn is ´s, bewundert,
Der trotzt hat manch´m Wintersturm
Mehr scho´ als oa Jahrhundert.
Gar Mancher, der den Baam hat g´sehg´n,
Wenn er vorbei is ganga,
Der is wohl auf a kurze Zeit
An die Gedank´n g´hanga
Und hat si´denkt: was wohl der Alt´,
Bal red´n er kunnt, taat sag´n,
Von Fruahjahrspracht, von Sommerglück,
Von Herbst- und Winterklag´n;
Wia er no´war a Baamerl kloa,
Nöt gächt und weltvergess´n,
Bis er schö staad a Ries´ is wor´n;
Und, wia ma´´hn na´hat g´mess´n
Mit Aug´und Blick, wia achtungsvoll
Ma´oft sein Wuchs hat pries´n;
- Gar kloa und schmächti´steht der mensch
Dort neb´n so am Ries´n. –

Und wia er do´, bal Oa mit´m Beil
Vorbei san, oft hat zittert,
Und aa vor´m Himmi seine Blitz
Bal´s donnert hat und g´wittert.
Wia s´rechts und links an Wald ham g´schlag´n,
Wia wieder er entstand´n,
Und wia ihr Nest´l in eahm baut
G´fiederte Musikant´n.
Wia lusti´is als Hüatabua
Um eahn gar Mancher g´sprunga,
Von dem er g´hört, wie eahm als Greis
Hat´s Tot´nglöck´l ´klunga.
So is er worn an alter Baam,
Hat nöt gnua Saft mehr g´fund´n,
Und Sommerhitz und Winterfrost
Ham g´schlag´n eahm tiafe Wund´n.
Fast wieder waar vergess´n worn
Im Wald der alte Knüppel,
Wer denkt an frühere Macht und Glanz,
Siecht er an alt´n Krüpp´l!
Da führ´n s´an Weg an eahm vorbei,
Wia ´s Bergsteig´n worn is Mode,
Jetzt starr´n s´voll Stauna an eahm hi´,
Weil er is so – marode!
Jetzt wird er zeich´nt, wird er g´malt
Von Dutzende Passant´n,
Bloß weil am Jed´n er so g´recht
Grad in sei´m Weg is g´stand´n.
Ja, ja so geht´s halt in der welt,
Bist Du bequem für Jed´n,
Und kost´s eahm aa koa Müah und Geld,
Na´tean s´scho´von Dir red´n,
Aber koa Mensch der denkat dro´
Wie einst ma´ hoch Di´ g´mess´n,
Führt nöt an Dir der Weg vorbei,
Freund, na´bist bald vergess´n!

7 Der „Wunderbaum" am Guggenauer Köpfl - Tour 2 MB

In einer alten Forstdienstkarte aus der Mitte des 19. Jahrhunderts ist er eingezeichnet – der „Wunderbaum" zwischen Guggenauer Köpfl und Höllei-Alm. Es handelte sich bei diesem Baum um keinen „wundertätigen" Ort, sondern um eine botanische Besonderheit. Gemeint sind damit Fichtenbäume, deren Astwerk ganz dicht und verkürzt am Stamm anliegen. Gleichsam einer riesigen, begrünten Säule ragen derartige Fichten aus dem Bestand hervor und werden daher auch Säulen- oder Wurmfichte genannt. Vor hundert Jahren waren in Europa lediglich elf solcher Bäume, davon nur drei im Alpenland registriert. Der „Wunderbaum" in den Tegernseer Bergen lebte damals nur mehr in den Erzählungen der Sennerinnen, Jäger und Waldarbeiter weiter.

8 Der Lampl von Reichersbeuern und Die rettende Tanne am Leonhardstein - Tour 2 MB

So manches Mal kann ein Baumwipfel auch aus einer misslichen Lagen helfen, wie einst eine mächtige Tanne dem wilderer Lampl am Fuße des Leonhardsteins. In den Tegernseer Sagen berichtet Sepp Mohr folgendes darüber: „Da sind ihrer 3 oder 4 Jaager beinander gsessn z´Kreuth in der Wirtschaft an ihrem Stammtisch beim Ofen hiebei. Hübsch zwider schauns drein und reden tun sie gar nicht viel. Wär ja kein Wunder, wo der Sollacher heut den frischen Aufbruch von einem Gambs g´funden hat am Pletscherer Graben, jetzt in der Schonzeit noch dazu! „der Lump, der ganz schlechte!" hörte man einen ausrufen. „Wer ist da ein Lump?" schreit jetzt einer vom Burschentisch her.

„Zerst muß ma´n g´sehgn hab´n und kennen, dann kann ma´von ihm red´n. Aber zum Fangen is no´weit hin!" So kam´s nach von einem verwegen und finster aussehenden Loder, der da hinten im Eck sitzt. Jetzt steht er auf, kommt langsam her zum Jaagertisch. Seinen verwetterten alten Stopselhut hat er runtergetan: da ist der schönste Gamsbart drauf, wie man weitum im ganzen Oberland noch keinen gesehen hat. Den streicht er jetzt dem alten Oberförster vor ihm ein paar Mal um dessen Nase rum und sagt recht spöttisch und freundlich: „Jaaga, kennst dös Kräutl? Gel, dös wachst in enkern Garten!" und verschwindet.

„Das war kein anderer als der Lampl von Reichersbeueren," sagt jetzt der junge Jagdg´hilf. „Der hat auch den schönen Zwölferhirsch g´schossen droben am Saurüsselkopf. Aber der schlaue Fuchs ist uns bis jetzt alleweil wieder auskommen. Ich hab koa´Rast und koa´Ruah, bis er net mei´ghört und net rausschaugt aus´m Gitter im G´fängnis vom Tegernseer Landg´richt." Aber bald darauf war es fast so weit. Den Jägern wurde Botschaft getan, dass der Lampl grad den steilen Waldsteig zum Leonhardstein hinaufgestiegen ist. Da umstellten sie den ganzen Berg und stiegen langsam vorsichtig höher. Für die Süd- und Ostseite brauchten sie keinen Mann aufzustellen, weil da die nackte Felsenwand fast senkrecht und oft überhängend aufsteigt und der Wilderer dort nicht auskommen konnte. Jetzt merkte es auch der Lampl, dass es für ihn keinen Ausweg mehr gab. Aber sich fangen lassen von den Grünen, das gab es für ihn nicht! So sprang er über die schauerliche Südwand des Leonhardstein hinab. Er hatte sich zuerst von oben den höchsten Tannenbaum ausgesucht, war in seinen Gipfel gesprungen und ließ sich d´ran herunter. Für die Jäger droben auf dem Gipfel war der Lampl jetzt maustot. Wenn er auch ihr verhasster Feind war, so nahmen sie nun alle ihre Hüte ab und beteten laut: „O Herr, gib ihm die ewige Ruhe!" Da schrie von weit unten eine Stimme herauf: „ Na, den G´falln tut er enk no net!" Sie hörten noch einen Juhschrei drunt im Wald, gesehen haben sie nie mehr etwas vom Wildschütz Lampl. Der Lampl soll darauf über Stock und Stein über alle Berge heimgerannt sein nach Reichersbeuern. Dort hat er schnell sein rußiges Gesicht abgewaschen und sein Stallgewand angezogen. Als die Jaager von Kreuth endlich in großer Eile ein Zweispännerfuhrerk besorgt und eingespannt hatten, dann mit einem Gerichtsherrn aus Tegernsee um den ganzen See durch Gmund in Reichersbeuern angefahren kamen, da stand der schlaue Fuchs leibhaftig mit der Gabel auf dem Misthaufen und legte grad in aller Ruhe ein Fuder Mist auf."

Weitere spannende Sagen rund um den Tegernsee wurden von Sepp Mohr in seinem Buch „Tegernseer Sagen" zusammengetragen. Erschienen bei Fuchs-Druck in Hausham.

9 Die alten Linden von Kaltenbrunn - Tour 2 MB

Erhaben thronen sie auf dem Endmoränenhügel über dem Tegernsee, die Linden von Kaltenbrunnen. Sie wurzeln in altem Kulturboden. Der Überlieferung nach hatten bereits im 8. Jahrhundert die beiden Tegernseer Klostergründer Adalbert und Otkar hier eine Schutzburg errichtet. Älteste bisher gefundene Mauerreste verweisen allerdings auf eine spätere Anlage aus dem 11. Jahrhundert. Abt Kasper Ayndorffer ließ die Burg im 15. Jahrhundert schleifen.

10 Markante Uferbäume und der Seeuferlehrpfad von Gmund - Tour 2 MB

Mit mächtig Bäumen umsäumt war einst das Seeufer des Tegernsees. Einige dieser beeindruckenden Baumpersönlichkeiten lassen sich noch entdecken.

Wer sich heute für Fauna und Flora des Tegernsees interessiert, sollte den Seeuferlehrpfad von Gmund besuchen. Natursteine aus der Umgebung kennzeichnen die Stationen und natürlich sind auch markante Uferbäume dabei.

Eine Begleitbroschüre liegt während des Sommers an den Eingängen des Seeuferlehrpfades aus bzw. ist über die Tourismus-Information Gmund erhältlich. Tel.: 08022-750527

11 Der „Freibaum" in Kammerloh - Tour 2 MB

Wie alt mag sie sein, die Linde von Kammerloh. Spannende Geschichten könnte sie erzählen. Vielleicht ist sie sogar eine Nachfahrin des „Freibaums" von Kammerloh, von dem in einer Sage erzählt wird. Pfarrer Joseph Obermayer berichtet 1868 in seiner Ortschronik darüber. Nach dieser Sage stand in Kammerloh ein Freibaum auf einer Freiung, „so dass kein Scherge oder Amtmann das Kammerloher Feld betreten durfte, und der Verbrecher, wenn er solches erreicht, von aller Strafe frei war".

Im heidischen Europa von einst gab es nachweislich solche „freien" Plätze, wohin sich ein Verfolgter fliehen konnte und ihm dort Rechtgesprochen wurde. Nicht selten waren es „heilige Haine oder Bäume". Im germanischen Raum Mittel- und Nordeuropas standen diese Bezirke in Verbindung mit der Göttin Freya. Sie war die Göttin der Gerechtigkeit und Mütterlichkeit. Freya geweiht waren auch die sogenannten Thingbäume. Dabei standen die Linden in direkter Verbindung mit Freya. Sie waren Symbol der göttlichen Weisheit, der Wahrheit, der Gerechtigkeit aber auch des Mitgefühls. Zudem besaß die Thinglinde wie Freya die Kraft der Weissagung und der Heilung, an ihr musste die Wahrheit zu Tage kommen.

Einstige Thingbäume befanden sich meist außerhalb der Sippschaft, auf hügeligem Gelände. Sie galten als Freibäume bzw. Asylbäume, wer sich in ihrem Schutz befand, durfte nicht weiter verfolgt werden. Die Thingversammlungen waren Tribunale, an denen alle waffenfähigen Männer einer Sippengemeinschaft zusammengerufen wurden, um Rat zu halten oder Recht zu sprechen. Einen Thingbaum umzuhauen, war unter Todesstrafe verboten. Nicht einmal das herunterfallende Geäst durfte entfernt werden.

Auch in so manchem Wortsinn hat sich die einstige Rechtssymbolik des „Thing" oder „Ding" bis heute überliefert, z.B. (un-)abdingbar, dingfest machen, sich verdingen. Nicht mehr gebräuchlich ist der einstige Ausdruck Geding im Sinne einer Abmachung bzw. Verpflichtung. So gab es beispielsweise das Heiratsgeding (Ehevertrag), das Leibgeding (Altenteil) oder die Gedingarbeit. Auch Rechtsversammlungen wurden als Geding bezeichnet, war der Angeklagte nicht anwesend wurde er als dingflüchtig erklärt. Auch war der Ausdruck Dinghaus für Amthaus und Dingstuhl für Richterstuhl üblich.

Diese ursprüngliche Tradition der Rechtssprechung an Bäumen fand im Mittelalter eine Weiterentwicklung in den Gerichts- und Dorflinden.

Der symbolische Freibaum hat sich bis heute in den Versteck- oder Fangspielen der Kinder überliefert. Dabei wird vor Spielbeginn ein Freibaum erkoren, an dem sich jeder verfolgte Mitspieler in Sicherheit bringen kann. In manchen Varianten gilt der Schutz erst, wenn der

Verfolgte bei Erreichen des Freibaumes dreimal an den Stamm klatscht und dabei die Worte spricht: „Eins, zwei, drei ich bin frei".
Ob einstiger Asylbaum oder nicht, zum „Verstecks di - Spiel" ist die ehrwürdige Kammerloher Linde heute gewiss ein ausgezeichneter „Freibaum"!

12 Die alte Dorflinde von Festenbach - Tour 2 MB

Eine herrliche alte Dorflinde steht in Festenbach. Schon so manchen Blitzschlag hat sie überlebt. Einmal war ein Einschlag in den Baum derartig heftig, dass ein Landwirt durch die Erschütterung regelrecht von seinem Traktor heruntergerissen wurde und das in einigen Hundertmetern Entfernung.

13 Die Friedenseiche von Gmund - Tour 2 MB

Ungewöhnlich ist es als Friedenssymbol einen Eichenbaum zu pflanzen, steht doch gerade die Linde für diese Versinnbildlichung. Dennoch in Gmund pflanzten Mitglieder des jungen Veteranenvereins 1882 eine „Friedenseiche" zum Gedenken an die glückliche Rückkehr aus dem deutsch-französischen Krieg 1870 / 71.

14 Die alten Linden von Gasse - Tour 2 MB

Bezaubernd schön schmiegen sich die uralten Lindenbäume von Gasse in die Tegernseer Landschaft. Über ein Lindalter heißt es: „300 Jahre kommen sie, 300 Jahre stehen sie, 300 Jahre gehen sie." Demnach dürfen diese Bäume gewiss noch viele Besucher begrüßen.

Tour 3 - MB

Länge: ca. 34 km
Ausgangspunkt: Parkplatz in Miesbach
Strecke: gute Straßenverhältnisse, weites gehend ab von Hauptstraßen
Steigungen: 80m Untertalham nach Gotzing
100m Müller am Baum Miesbach

Tour 3 MB
Weyarn
Wattersdorf
Reinthal
Stürzlham
Neukirchen
Reichersdorf
Kleinseeham
Seehamer See
Taubenberg
Fentberg
Rotberg
Thalham
Groß-pienzenau
Klein-
Wallenburg (Schl 696)
Berghalde
MIESBACH (696 Stadtpfarrkirche)
Bergham
Parsberg
Harztal
Kleinthal
Haid-mühl
Anger
Grießer
Wach-lehen
Loch
Müller
Wall
Drahtzieher
Stadler
Zahlersberg
Festenbach
Jedling
Agatha-ried
Posch-mühl-ried
Tiefenbach
Hausham
Tratberg
Eben
Mühlthal
Osterberg
Schwärzenbach
Hinter-Antenloh
Eck
Ostin
Oed
Schuß
Wallenburger Kogel
Moos-rain
Loch
Huberspitz
Breitenbach
Schliersee (784 Kath. Pfarrkirche)
Oberleiten
Gaßler Berg
Oeder Kogel/Schußkogel
Auer Berg
Rainer Berg
Ostiner Berg
Gindelalmschneid
Krainsbergkogel
Sankt Quirin
TEGERNSEE (747)
1 km in der Natur
N

1 Die Wallenburg-Allee - Tour 3 MB

Einst waren alle Zufahrtstraßen Miesbachs gesäumt von beeindruckenden Alleezügen. Heute erinnern nur mehr die zwei Alleen von Schloss Wallenburg an diese so barocke Baumpracht. Dabei ist vor allem die 1100 Meter lange Wallenburg – Allee mit ihrem alten Mischbaumbestand aus Linden, Eichen und Bergahornen herausragend und erhebend für jeden Wanderer. Das wusste auch schon Ignatz Joseph von Obernberg zu schätzen, der 1785 für 14 Jahre als kurfürstlicher Beamter in Miesbach eingesetzt war. Er schrieb über einen Ausflug nach Schloss Wallenburg: „...Folgen Sie, mein Lieber, mir nun auf einem angenehmen Spaziergange, nach dem Schlosse Wallenburg. Über der Anhöhe, die man besteigen muß, finden Sie einen Standpunkt, der Ihnen alles überschauen lässt, was die Gegend Schönes hat. Die Maler lagern sich hier, wenn sie die Natur zu kopieren unternehmen. Im Schatten bejahrter Eichen wandelte ich von da sehr oft nach dem alternden Schlosse...."
1270 taucht die Burganlage erstmals urkundlich auf. Im 15. Jahrhundert errichtet Wolfgang von Waldeck (1442 – 1483), der letzte der Waldecker Dynastie in Miesbach, eine ausladende Burg-Schloßanlage. Nach ihm residierten die Grafen von Maxlrain bis 1734 in Miesbach. Mit den letzten dieser gräflichen Gebietsherrn zog auch barocker Glanz in den Raum zwischen Schiersee und Miesbach ein. So wurde nicht nur das Schloss Wallenburg im Stil der Zeit umgestaltet, Johann Baptist Zimmermann war dabei mit den aufwendigen Stuckarbeiten beauftragt, auch die Pfarrkirche erstrahlte in neuem Glanz. Schließlich waren es auch die Maxlrainer, die ganz im Sinne des Barock die Alleezüge entlang der repräsentativen Chausseen, wie damals die Hauptstraßen genannt wurden, pflanzen ließen.

2 Die alte Eiche bei Kleinpienzenau - Tour 3 MB

Kurz vor Kleinpienzenau steht ein herrlich gewachsener Eichenbaum. Das Kreuz vor seinem Stamm wird alljährlich als Station der örtlichen Fronleichnamsprozession besucht.

3 Der Lindenbiergarten in Kleinpienzenau - Tour 3 MB

Als „Friede- und Freudebaum" bezeichnete Martin Luther einst die Linden. Gerade dies möchte man empfinden, wenn man den bezaubernden Lindenbiergarten in Kleinpienzenau erblickt. Die Bäume wurden 1910 / 11 vom damaligen Wirt und Eigentümer Pankraz Brunner gepflanzt.

4 Die Siedlungsbäume von Unterthalham - Tour 3 MB

Wer die Senke von Thalham durchfährt, trifft auf ein aufgeforstetes Gebiet, in dem immer wieder Baum- und Straucharten auftauchen, die gar nicht in einen Wald passen. Es ist noch nicht so lange her, dass dieses Tal durch Bauernhöfe mit Streuobstwiesen, Feldern und Äcker bestimmt wurde.
Zunächst schienen die Zeichen der Zeit dem Ort Untertalham einen glücklichen Aufstieg zu weisen. Die neugebaute Eisenbahn hatte eine feste Station in dem Ort eingeplant,

schließlich galt Untertalham als idealer Umladeplatz für den regionalen Holzhandel. Immer mehr Menschen siedelten sich dann in der 2.Hälfte des 19.Jahrhunderts an. Doch schon bald war ein anderer Rohstoff wichtiger. Das quellreiche Gebiet rund um den Taubenberg wurde als Wasserversorgung für die Stadt München entdeckt. Schlagartig war die Entwicklung des Ortes aufgehalten. Sukzessive wurden Grundstücke und Bauernhöfe von der Stadt aufgekauft. Bereits 1911 waren 1164 ha Land in städtischem Besitz. Das jähe Ende Untertalhams vollzog sich schließlich zwischen 1950 und 1970 als im Rahmen der Schutzgebietsverordnung sämtliche Siedlungen geräumt werden mussten. Die Einwohner wurden umgesiedelt bzw. entschädigt. Leicht fiel dies den wenigsten. Die Hofstellen wurden abgerissen und die Felder aufgeforstet. Einem Dornröschenschlaf gleichend erinnern heut noch knorrige Obstbäume, weitausladende Fliedersträucher, schlanke Wacholder und vereinzelte Linden an den einstigen Siedlungsraum Untertalham, der seinen Ursprung immerhin seit dem 12. Jahrhundert nachweisen konnte.

5 Die Luitpoldlinde von Gotzing - Tour 3 MB

Als Prinzregent Luitpold am 12.12.1912 im hohen Alter von 91 Jahren für immer seine Augen schloss, war die bayerische Bevölkerung zutiefst betrübt darüber. Mit ihm endete die „gute alte Prinzregentenzeit", die durch den mysteriösen Tod des Märchenkönigs Ludwig II. 1886 eingeleitet wurde. Die anfänglich misstrauische Stimmung des Volkes gegenüber dem neuen Monarchen verflog alsbald, zumal sich Luitpold während seiner 26-jährigen Amtszeit als äußerst volksnah erwies. Auch brachte sein soziales Engagement dem ganzen Land große Fortschritte im Kranken- und Schulhausbau. Oftmals war die Grundsteinlegung dieser Gebäude oder ein runder Geburtstag mit der Pflanzung eines Baumes zu Ehren des Prinzregenten verbunden.

Auch die Luitpoldlinde von Gotzing wurde anlässlich des 80.Geburtstages des verehrten Prinzregenten gepflanzt. Sogar einen Brunnen errichtete man vor dem Baum. Der neu renovierte Tuffstein erinnert noch an die einstige Pflanzung der Linde 1901.

Aus dem nebenstehenden Gasthaus stammt die legendäre „Trommel", welche die Oberlandler 1705 während ihres Befreiungskampfes gegen das Joch der österreichischen Besatzung mit sich führten. Für einen großen Teil hat sie in der Sendlinger Mordweihnacht zur „letzten Lebensstunde" geschlagen.

6 Die alte „Baderer - Linde" - Tour 3 MB

Ein „Bauernbadl" gab dem Anwesen einst seinen Namen. Die Eigentümer richteten in der Brechstube eine kleine Badeanstalt ein. Der Hof in seiner heutigen Form wurde 1876 von Benedikt Hinterholzer aus den Bruchsteinen des alten Neukirchner Kirchturms errichtet. Er verkaufte diesen 1894 schließlich an die Stadt München.

Unweit des Hofes steht die alte ausladende „Baderer – Linde". Ein mächtiger Baum, der vielleicht auch so manchen Badegast von einst schon gesehen hat.

7 Zauberhafte Baumlandschaft am Fuße des Taubenberges - Tour 3 MB

Geradezu ein Eldorado für Baumfreunde stellt das weitläufige Gebiet am Fuße des Taubenberges dar. Selten geworden sind solch herrliche Haglandschaften, aus der auch beeindruckende Baumpersönlichkeiten hervorgrüßen.
Beim Hössenthal – Anwesen zum Beispiel wurden einst Eichen und Linden entlang der Straße nach Wall gepflanzt. Heute sind dies mächtige Bäume, die schon viele vorüberziehen sahen.
Erwähnenswert ist auch die alte hohle Linde unweit des Neuhaus– Anwesen. Mehrmals wurde ihr Stamm vom Blitz getroffen. In den 50iger Jahren so schwer, dass der damalige Eigentümer mit feuchtem Lehm den glimmenden Lindenstamm mühevoll ummantelte, um das Feuer zu ersticken.

8 Die „Friedenslinde" 1870/71 von Wall - Tour 3 MB

Unmittelbar mit dem Ende des deutsch - französischen Krieges 1870/71 pflanzten die Kriegsteilnehmer vielerorts in Bayern „Friedenslinden" aus Dank für die unversehrte Heimkehr. Auch die alte Dorflinde von Wall, heißt es, wurde zu diesem Anlass einst als Friedenslinde gepflanzt.

9 Die Pfarrhofeiche von Wall und der „Abschied von meinem Freund" - Tour 3 MB

Mächtig thronte einst eine weithin sichtbare Eiche neben dem alten Pfarrhof von Wall. Bis sie in den 40iger Jahren einem Blitzschlag zum Opfer fiel.

Nicht selten ist die Beziehung des Menschen zu Bäumen sehr tief. Vor allem alte Bäume haben meist viele Freunde und Besucher. Um so trauriger empfinden wir das Scheiden unseres so ans Herz gewachsenen und immer anwesenden Freundes.
Die Schriftstellerin und Malerin Chritl Fitz stammt aus der Gemeinde Wall und brachte diese Form der innigen Freundschaft zu einem Baum in ihrem „Abschied von meinem Freund" einfühlsam zu Ausdruck:

„Es ist Winter geworden und der Schnee hat die bunte Herbstwelt weiß zugedeckt. Bald ist Weihnachten. Die Barbarazweige, die ich geschnitten habe, beginnen zu treiben. Gestern ist mein guter Freund gestorben.
Wir haben uns lange gekannt.
Ich war noch ein Schulkind, da war er schon alt. Aber die Jahre zwischen uns waren unwichtig. In seiner Nähe zu sein machte mich glücklich. Wenige Schritte nur waren nötig, um zu ihm zu gelangen und es verging fast kein Tag, an dem ich ihn nicht besuchte. Denn es war still an seiner Seite und das tat gut.
In warmen Sommernächten, wenn der Vollmond die Welt silbern beleuchtete und auf meine Bettdecke blasse Streifen zeichnete, hatte ich oft Sehnsucht nach ihm. Und ich musste all meinen Mut zusammen nehmen, um in aller Heimlichkeit leise aus dem Fenster zu klettern. Den Stamm des wilden Weines, der die Balkonbrüstung umrankte, benutzte ich als

Leiter. So gelang es mir mit einigen Schwierigkeiten, auf den Kiesweg vor dem Haus zu springen. Barfuß und im Nachthemd stapfte ich durchs taufeuchte Gras und fand den Weg zu ihm. Unruhig schlich auch die Katze in nächtlichen Stunden durch ihr Revier. Wenn wir uns begegneten, umschnurrte sie meine Beine und begleitete mich durch den Schatten des träumenden Gartens. War mein guter alter Freund in diesen Nächten auch wach? Wartete er bereits auf mich? Immer war es gut, bei ihm zu sein, denn ich konnte ihm meine großen und kleinen Sorgen anvertrauen. Er hörte mir zu, er ließ mich reden und schwieg. Auch wenn ich nur in die Wolken und in den Himmel träumte, störte er meine Phantasien nicht.

Oft habe ich meinen Kopf an ihn gelehnt, habe mit ihm geplaudert, gelacht und manchmal auch geweint. Ich kann es nicht erklären, wie er mit mir geredet hat, wie seine Liebe und Sprache zu verstehen war. Nur im Licht des Mondes und in der Stille der Nächte habe ich es erahnt. Es war der Zauber, der ihn umgab, ein Zauber, der die Herzen der Menschen öffnet, um die Stimmen des Lebens, die Melodie der Gedanken zu hören.

Wenn die Sterne funkelten und er leise, zärtlich zu mir wisperte, tat er mir hin und wieder auch laut knarrend und ächzend kund, dass es jetzt genug sei mit meinem Gerede und ich endlich nach Hause gehen solle. Aber auch er hat mir in all den langen Jahren, da wir unsere geheimnisvolle Freundschaft pflegten, vieles erzählt. Von glücklichen und schlimmen Tagen, von den Stürmen der Zeiten habe ich erfahren und auch von den Tieren, die zu ihm kamen.

Gestern ist er gestorben, mein Freund.

Natürlich, er war alt, knorrig, krumm und schief, aber nicht krank! Der Herbststurm hatte ihn auf dem Gewissen. Eine kurze orkanartige Windböe hat ihn umgeworfen! Jetzt liegt er da! Die Altersschönheit seiner Jahre ist zerrissen, gebrochen, im Herzen zersplittert. Für mich gilt es, Abschied zu nehmen. Zuletzt möchte ich ihm sagen, wie dankbar ich bin für alles, was er mir gegeben hat. Es war eine lange, kostbare Zeit. Ich lege meine Hand auf ihn, streichle ihn liebevoll und berühre ihn zärtlich. Mein Nachbar stört die Stille meiner Gedanken. Er packt die Motorsäge aus, legt die Axt bereit....

Leise gehe ich weg, denn wie soll ich ihm erklären, dass ich um diesen alten Baum trauere, wie ihm sagen: Er war mein Freund."

Weitere tiefgründige wie auch heitere Geschichten von Christl Fitz finden Sie in ihrem jüngsten Buch „Herzenswärmer". Erhältlich unter: ISBN 3-927290-92-0

10 Der Müller am Baum - Tour 3 MB

„Es ist selten, dass das Wort Baum ohne Bestimmungswort als Ortsname angewendet wird, es muss daher ein alter und merkwürdiger Baum gewesen sein, der ohne nähere Bezeichnung dem Gute den Namen gab" so heißt es über den Ort „Müller am Baum" in den Beiträgen zur Anthropologie und Urgeschichte Bayerns unter dem Verzeichnis „Die Ortsnamen des königlich bayerischen Miesbach" von 1887.

Vielleicht war es auch ein Hinweis auf einen „Schlagbaum", der diese wichtige Übergangsstelle der ehemaligen Säumerstraße von Hall nach Schongau markierte. Sie kennzeichnete zugleich die Einflusssphäre des Klosters Tegernsee und der Grafschaft Waldeck.

Vor allem die „Furdt am Paum" durch die Mangfall war einst berüchtigt, wo immer wieder „vil Roß und Sämsalz erdrunkhn und verdorben ist".

Daher wurde eine Brücke über die Mangfall geschlagen. Doch aus „Aigennutz" des benachbarten Müller in Thal, der damit sein Geschäft an seiner Brücke schwinden sah, ist diese „...wider zerhackt und verdorbt worden." Schließlich veranlasste Pfarrer Hans Lampirger aus Wall im Namen der „Paurn eine Supplication wegen der Pruggn zum Pam" und so bleib der Müller am Baum, der bis heute im Volksmund nur „Beim Bam" heißt, die kürzeste Verbindungsstrecke zwischen Miesbach und Tölz.

Zur Erinnerung: Miesbacher Baumpersönlichkeiten

In und um Miesbach gab es einige markante Baumpersönlichkeiten, von denen einige hier in Kürze zur Erinnerung vorgestellt werden:

11 Die große Linde beim Bucher - Tour 3 MB

Als die „Größte" des Landkreises wurde sie einst bezeichnet, die uralte Linde beim Bucher.

12 Die alte Kapellenlinde von Baumgarten - Tour 3 MB

Manch einer kannte sie noch die ehrwürdige Kapellenlinde vom Baumgartner, die mit der Kapellenerrichtung im 19. Jahrhundert gepflanzt wurde.

13 Der Grenzahorn am Birknerfeld - Tour 3 MB

Auf dem Birknerfeld steht ein junger Ahornbaum. Einst hatte er einen prächtigen Vorgänger, der als Grenzbaum an der Stelle gepflanzt wurde, an dem vier Grundstücksnachbarn zusammentreffen. Als nun 1936 binnen eines halben Jahres alle 4 Grundstückseigentümer verstarben, wurde an seinem Stamm ein Gedenkkreuz errichtet mit folgendem Wortlaut:

Vier Grundnachbarn um diesen Baum
Die mäht der Tod in kurzem Raum
Kein halbes Jahr hier ward verstrichen
Da warn sie alle schon verblichen
Den Arzt an erster Stell er holte
Der Mann der Kunst ihm folgte
Den Birkenbauer rief er nach
Zuletzt der Priester auf der Straß.

Der alte Bergahorn musste vor 20 Jahren wegen mangelnder Verkehrssicherheit gefällt werden.

14 Die alte Buche am Haberer Stadl - Tour 3 MB

Viele spannende Geschichten erzählt man sich über das sogenannte Haberfeldtreiben. Gerade der Raum Miesbach kann als überlieferte Keimzelle dieser oftmals berüchtigten „Volksjustiz" bezeichnet werden. So mancher Hof, verlassene Stadel, einsame Mühlen oder andere Platze standen in irgendeiner Weise mit dem Haberfeldtreiben in Verbindung. Sei es, dass dort einer Person „getrieben" wurde oder so mancher Ort als verschwiegener Treffpunkt galt, an dem die geheimen Aufnahmerituale vollzogen, der Eid des Stillschweigens geschworen, die Haberermeister gewählt und natürlich der Ablauf des kommenden Treibens kundgetan wurde.
Früheste schriftliche Belege des Haberfeldtreibens finden sich erst Ende des 17. Jahrhunderts. Doch ist anzunehmen, dass der Ursprung dieses Rügegerichts weitaus älter ist. Die Haberer waren ein Geheimbund dem in der Blütezeit bis zu 2000 Männer aus dem Oberland angeschlos-

sen waren. Meist waren es Männer aus der unteren Mittelschicht also Knechte, unfreie Bauernsöhne und Handwerksgesellen.
Vieles über die Vorgeschichte blieb bis heute im Dunkel bzw. verliert sich innerhalb einer widersprüchlichen Vieldeuterei. Es beginnt schon mit der Auslegung des Namens. Die einen sehen darin einen Bezug zur Kleidung der Akteure, die angeblich in Bocksfelle (Haberfell) gekleidet waren, die anderen erklären sich den Begriff, da die „Gerichteten" durch die Haferfelder (bayer. Haber) getrieben wurden.
Eine andere Vorstellung bringt die Haberer symbolisch mit „dem wilden Herr" des Frankenkaisers Karl dem Großen in Verbindung. Nach der historischen Überlieferung hatte das Frankenheer alljährlich nach der Haferernte (bayr. Haberernte) beim sogenannten Michaelisthing am 29. September den Stab über Diebe, Sittenlose und Verleumder zu brechen. Die Redewendung „den Stab über jemanden brechen" bedeutete einst jemanden zu verdammen bzw. zu verurteilen. Diese Redewendung geht tatsächlich auf den Rechtsbrauch zurück, dass der Richter als Zeichen seiner Gewalt den Dingstab (Gerichtstab) während der Verhandlung in der Hand hielt. Wurde über den Angeklagtren die Todesstrafe verhängt, so wurde kurz vor der Hinrichtung über seinem Kopf der Stab zerbrochen. Dies bedeutet, dass nun auch die Macht des Richters dem Delinquenten nicht mehr helfen konnte.
Die Person Kaiser Karl, der nach der Sage im Untersberg schläft, bis er zur entscheidenden Schlacht am Wallser Birnbaum bläst, nahm innerhalb der Haberer-Rituale eine zentrale Rolle ein. Auf sein Geheiß schwärmten die Haberer überhaupt erst aus, nicht selten hieß es auch „Kaiser Karl und seine Genossen".
Die Haberer beriefen sich bei all ihrem Tun und Reden stets auf Karl den Großen. Entsprechend der „Zwölf Paladine", dem sogenannten ritterlichen Heldenkreis am Hofe Karls des Großen, gab es auch einen Bund mit „Zwölf Haberermeistern". Dieser Dutzendkreis der Haberermeister bestimmte Ort und Ablauf des Treibens, sie waren im Namen Karls die eigentlichen Sittenwächter und verfassten die oftmals deftigen Rügeverse über „meineidige Bauern, betrügerische Schacherer, arglistige Beamte, liederliche Weibsbilder, unfromme Pfaffen, Wucherer, Quacksalber, Scharlatane und Pfuscher".
Den solchermaßen Beschuldigten ging stets eine schriftliche Ermahnung zur Besserung ein, war diese binnen einer festgelegten Frist nicht erkennbar, trat die „Volksjustiz" in Kraft. Vor dem Treiben schwärzten sich die Haberer dann das Gesicht mit Ruß, klebten sich falsche Bärte an und hüllten sich in lange Überwurfmäntel. Jedes Treiben stand unter bestimmten Losungen. Außerhalb des Geschehens wurden Späher eingesetzt, um unerwünschte Störungen oder ein Eingreifen von außen rechtzeitig zu melden und die Versammlung spornstreichs aufzulösen. Während des „Gerichthaltens", das in Form von Knittelversen vorgetragen wurde, fragte der oberste Haberermeister nach jeder vorgetragenen Verfehlung: „Is des wahr?" Darauf antworteten die Haberer: „Wahr is!" Darauf erwiderte der Haberermeister: „Nacha treibt`s zua!" Worauf ein ohrenbetäubender Krawall einsetzte, den die Männer mit Kuhglocken, Ratschen und Gewehrschüssen erzeugten. Sofern während eines solchen Treibens irgendein Sachschaden entstand, wurde ein Entschädigungsgeld hinterlegt.
War im 18. Jahrhundert das Haberfeldtreiben beim Volk anerkannt und von der Obrigkeit geduldet, so entartete diese Volksjustiz im 19. Jahrhundert immer mehr zu einer Form des Landfriedensbruchs, in der nicht selten Willkür und Aggression die Oberhand hatten. Immer häufiger musste die Gendarmerie einschreiten. 1834 wurde sogar Militär gegen die Haberer eingesetzt. Aber alle Versuche blieben zunächst erfolglos, die Späher waren stets zu gewieft. 1901 legte der letzte offizielle Haberermeister sein Amt nieder.
Ein wichtiger Treffpunkt vor allem in der letzten Phase des Haberfeldtreibens war der alte Haberer– Stadel im Talgrund in der Wies. Über diesen verfasste der Heimatdichter Georg Stöger 1893 das Gedicht „Der Haberer Stadel":

„An einem Waldesrande, von Miesbach gar nicht weit
Da steht ein alter Stadel, träumt von vergangner Zeit.

Er führt ein einsames Dasein, neben ihm eine Buche wacht,
geht vorbei ein einsamer Wanderer, er nimmt ihn gar nicht in Acht.

Denn längst ist schon vergessen, welchen Dienst er einst getan,
als sich zusammmengefunden, unter seinem Dach, viel hundert Mann.

Mit rußigen Gesichtern, Flachsbärte unterm Kinn,
den Stutzen auf dem Rücken und argen Plan im Sinn.

Es war anno 93, eine dunkle Samstagnacht,
da kamen all´ zusammen, auf Schleichwegen still und sacht.

Und als sie aufgenommen, der brave Stadel all´,
da nahm das Wort der Meister mit gedämpftem Schall.

Sprach: Wohl wisst ihr alle, wozu ihr herbestellt,
den Miesbacher wolln wir ´s zeigen, wir treiben Haberfeld.

Nun schwört ihr mir alle, dass ihr verschweigen bleibt,
dass niemanden erfahre, wer den Miesbachern heut treibt.

Und während sie all´schwuren, Verschwiegenheit zu üb´n,
wusste jedes Kind in Miesbach, heut wird Haberfeld getrieben.

Es wurde auch getrieben, aber nicht zu lang,
denn für die vielen Haberer, gab´s keinen guten Empfang.

Die Schlacht sie war verrarten, von Anfang an verloren,
da hatte so mancher Flachsbart, einen gar grimmigen Zorn.

Von jenen alten Zeiten, vom alten Haberer Bund,
könnte unser Stadel erzählen, könnt´geben vieles Kund.

Doch er schweigt, der Alte, der einsam steht im Tal,
Um ihn ein heimliches Raunen: Es war, es war einmal......"

Der besungene Haberer – Stadel wurde bereits 1953 abgetragen. Nur mehr das alte Kruzifix an einer Eiche erinnert noch an diesen Treffpunkt des Habererbundes. Es befand sich einst an dem Stadel.
2005 musste auch die im Gedicht erwähnte uralte beeindruckende Buche weichen. Von ihr kündet heute noch ein romantisches Gemälde des Kunstmalers Fritz Freund aus dem Jahr 1896.

15 Die alte Marienbuche in der Wies - Tour 3 MB

Noch bis in die 50iger Jahre stand in dem Waldstück im Talgrund in der Wies die alte Marienbuche. In ihrem Stamm war eine Muttergottesstatue fast völlig in den Baum eingewachsen. Zahlreich wurde sie besucht und an ihrem Fuße türmten sich die Kerzen und Blumenstöckerl. Leider existiert kein Photo mehr von diesem Kleinod.

16 Die „Seufzer – Allee" - Tour 3 MB

Ein historisches „Platzerl" war sie, die schattenspendende „Seufzer – Allee" bei der Straß. Zwischen ihren Bäumen veranstaltete der Miesbacher Volkstrachtenverein 1887 das erste Waldfest. Es steht zugleich als Anfang der Miesbacher Volksfesttradition, darunter das „Landwirtschaftliche Bezirksfest" mit seinen großen Ausstellungen das wohl bekannteste wurde. Schon vor Jahrzehnten musste der malerische Alleezug dem Ausbau der Südumgehung weichen. Die letzte mächtige Linde dieser Allee wurde 1998 gefällt.

17 Die „Jahn – Eiche“ von Miesbach - Tour 3 MB

Ruhig und gelassen erträgt die vitale Eiche ihr Schicksal mitten unter hektischem Verkehrsgetriebe und eingezwängt in eine asphaltierte und betonierte Umgebung. 1921 wurde sie gepflanzt anlässlich der feierlichen Einweihung der Jahnbüste. Damals gedachte man allen Vereinsmitglieder, die während des Ersten Weltkrieges gefallen waren. Gewiss waren auch junge Männer darunter, die an der legendären Errichtung der Vereinshalle mitgearbeitet haben. 1906 wurde sie in einer beispielhaften Gemeinschaftsaktion in nur 100 Tagen erbaut.

18 Die „Marienbuche“ bei Parsberg - Tour 3 MB

Nur mehr ein kleiner Quelltopf erinnert heute am Fuße von Bergham an die einst viel besuchte Wallfahrtsstätte von Miesbach. Eine große Buche wies von Weitem den Pilgern die Richtung, an ihrem Stamm war ein Marienbildnis angebracht und unterhalb sprang die Quelle hervor. Ab 1693 erfreute sich dieser Ort einer stetig steigenden Verehrung als Gnadenort. Die Pfarrherrn von Miesbach waren über dieses rege Interesse des Volkes alles andere als begeistert. Marienwallfahrten in freier Natur vor Quellen, Bäumen und Steinen wurde stets mit einer gewissen Skepsis betrachtet. Überdies lichteten sich die Reihen der Gläubigen in der Miesbacher Pfarrkirche und das verstimmte die Gemüter völlig. Schließlich wurde das Bildnis vom Baum genommen und in die Pfarrkirche versetzt.
In der „Anzaig der Merkhwidrdigkeitten und Antiquitäten“ in der Reichsgrafschaft Hohenwaldeck findet sich darüber: „Es begabe sich nemblichen, das weillen oberhalb den weeg nacher Parsperg under den wurzlen eines Puechbaumb, an welchen eine Bildnus der Muetter Gottes wahr, villes Wasser hervor quellete, dessentweegen dahin von dem Volkh ein grosser Zulauff wurde, auch sogar mit Opferung einer zimblichen Menge Wax, welche Andacht aber, da solche dem Marianischen Gotteshaus im Markt zimblich nachtheillig zu sein schinne, Herr Triendorffer, damaliger Pfarrherr zu Miespach abgeschafft, und hat Maria gleich darauf zu verstehen gegeben, das sie nit bei dem Baumb, sondern in alhiesigen Marianischen Gottshaus wohle verehret und wunderthettig werden.“
Für die Wiederaufwertung der Pfarrkirche als Verehrungsstätte der „Gnadenmutter Maria“ entwickelten die Pfarrherrn viel Einsatz. So heißt es: „.....Nun predigte der Pfarrer noch einmal über diesen Gegenstand, und rief im größten Eifer ganz begeistert auf der Kanzel mit über die Wangen rollenden Thränen Maria um ihre mächtige Fürbitte an, dass sie hier in der Kirche eine Gnadenmutter allen Hilfesuchenden werden möchte. Seine Seufzer, sein Flehen und inbrünstiges Gebet ist nicht unerhört geblieben; denn Maria zeigte durch ein Wunder, wovon sich viele hundert Augen überzeugt hatten.....Das Bild gab nämlich sehr oft bei dunkeler Nachtzeit ein solch helles Licht von sich, dass die Kirche ganz erleuchtet und hell wurde. Die Sache wurde genau untersucht, und es ergab sich, dass kein Zweifel obwalte. Natürlich hatte sich dieses in der ganzen Umgegend weithin verbreitet, und das Volk, statt seine Andacht bei dem genannten Baume am Wege nach Parsberg zu verrichten, kam nun zahlreich in dieses Marianische Gotteshaus, welches dadurch zu einer großen Wallfahrtskirche wurde....“
Damit kehrte wieder Ruhe ein. Der Buchenbaum wurde später gefällt und die Quellverehrung schlief ein. 2003 bei der großen Trockenheit versiegte die Quelle, so dass heute nur mehr ein langsam verlandender kleiner Teich an der einstigen Pilgerstätte zu sehen ist. Unweit dieses „heiligen Platzerls“ stehen heute zwei gesunde Lindenbäume, die schützend ein Feldkreuz in ihrer Mitte bergen.

Tour 4 „Weyarner - Route" MB

Länge: ca. 41 km, Nebenstrecken ca 7,5km
Ausgangspunkt: Parkplatz in Weyarn
Strecke: gute Straßenverhältnisse, weites gehend ab von Hauptstraßen bzw. neben Hauptstraßen,
Steigungen: 120 Höhenmeter vom Mangfalltal nach Grub
50 Höhenmeter von Buchberg kommend nach Unterreit
60 Höhenmeter von Naring nach Arnhofen
60 Höhenmeter von Arnhofen nach Seeham

Tour 4 MB
Aying
Peiß
Graß
Heimatshofen
Loibersdorf
Laubberg
Haarberg
Piusheim
Lindach
Walpersdorf
Göggen-
hofen
Groß-
helfendorf
Klein-
Oberlaus
Krügling
Thal
Rauher Berg
Trautshofen
Lauser Weiher
Eichberg
Grub
Höllenstein
Aschbach
Alten-
burg
Ried
Percha
Groß-
höhenrain
Klein-
Aschhofen
Staudach
Unterreit
Oberreit
Klein-
höhen-
kirchen
Nieder-
altenburg
Hohen-
dilching
Feldkirchen-
Westerham
Ast
Ober-
wertach
Unter-
Kohlberg
Sonderdilching
Valley
Weidach
Hammer
Feldolling
(541)
(551)
Unterdarching
(654)
Spätkeltisches
Oppidium
Bergham
Markt
Bruckmühl
(512)
Leitzachwerk-
Staubecken
Fent-
bach
Naring
Stand-
kirchen
Leitzach-
Kraftwerk
Vagener Au
(525)
Mitter-
darching
Erlach
Holzolling
Esterndorf
Vagen
Mitten-
kirchen
Wiechs
Weyarn
Ober-
Weyarn
(671)
Kloster
Wattersdorf
Rotberg
Stürzlham
Reinthal
Großseeham
Kleinseeham
Seehamer
See
Fentberg
Einhaus
Neukirchen
Reichersdorf
Loidering
Taubenberg
Thalham
Groß-
pienzenau
Klein-
1 km in der Natur

Hoch über dem steilabfallenden Mangfallgraben erhebt sich mit 712 Metern das Weyarner Lindl. Ein beeindruckender Aussichtspunkt und vielleicht schon immer ein „Lindenort". Erstmals urkundliche Erwähnung findet dieser Platz „under der lindn" 1466 in Zusammenhang mit einem Kaufvertrag. Vielleicht wurde diese alte Linde durch ein Unwetter entwurzelt, jedenfalls veranlasste Propst Valentin Steyrer 1640 die Pflanzung eines neuen Baumes und setzte somit die Tradition des Lindls fort, von dem es heißt, dass sich dort stets viel Volk versammelte und sich vergnügte.

Im 19. Jahrhundert wurde dieser Punkt von den ersten Sommerfrischlern entdeckt und als willkommenes Ausflugsziel erwandert. Schließlich war es der Volksschullehrer Anton Pendele, der 1896 den Anstoß gab einen Verein zum Schutz und zur Pflege der alten Linde zu begründen. Doch wie es oft so ist, zerkriegten sich ein paar Dickschädel und der junge Verein löste sich wieder auf und mit ihm leider auch die Linde. Denn bei dem verheerenden Unwetter am 1. Juli 1897 wurde die alte Linde entwurzelt. Über zweihundert Jahre thronte sie auf der Anhöhe wie wohl schon manche Baumschwester vor ihr. Die Bevölkerung war über den Verlust ihrer Linde zu tiefst betrübt. Der Obstbaumwart Michael Haltmaier stiftete umgehend einen neuen Baum. Kein „windigs Bamerl" sollte es sein, sondern ein stattlicher Lindenbaum von 1,20 Meter Umfang. Zusammen mit Lehrer Pendele und anderen „Lindl Freunden" wurde der Baum im schneefreien Winter 1898 ausgegraben. Zwei Tage brauchte man, um den schweren Baum samt Frostballen von Erlach mit einem Pferdegespann auf das Lindl zu transportierten. Feierlich wurde die Linde gepflanzt und der Hügel wurde seinem Namen wieder gerecht.

Im Miesbacher Anzeiger steht am 5. Februar 1898 als Lobeshymne: „.... Während der Niederschrift dieser Zeilen tobt draußen brausender, heulender Sturm und mir ist ernstlich bange um dich bei solchem Wiegenliede, du, unsere jetzige Weyarner Linde! Ja dürftest du nur solche Stürme schauen! Wenn wieder mehr denn 300 Jahre in´s Land gezogen, was möchtest du wohl alles erfahren haben und erzählen können? Wachse und gedeihe und schaue hernieder auf ein glückliches Volk um dich!"

Ein paar Jahre dauerte es dann noch bis sich auch alle zwischenmenschlichen Stürme wieder soweit besänftigten, so dass nun endlich die Idee des Lindl - Vereins Wirklichkeit wurde. 1904 kam es zur Neugründung des Vereins, der sich als bald zum Mitgliederreichsten von allen örtlichen Vereinen mauserte. Nicht zu letzt, weil man so viel „Vergnügliches"auf die Beine stellte. Der Lindlball zur Eröffnung der Faschingszeit etablierte sich zu dem Ereignis schlechthin. Preisschießen, Maibaumaktion, Ausflüge mit Freibier und schließlich der Bau der Lindl-Blockhütte zogen Jung und Alt zu diesem fröhlichen Verein und natürlich immer wieder aufs Lindl. Das Lindl wurde zum Inbegriff und zum Symbol der Heimat. Während der Kriege verschickte der Verein zu Weihnachten sogar „Feldpostpackerl" an die jungen Mitglieder an der Front. Einen tragischen Ausdruck findet dieses Gefühl in folgendem überlieferten Lied, dass zahlreiche einrückende Soldaten beider Weltkriege vor ihrem Abmarsch sangen.

ZOG DANN EIN BURSCH
VON UNSERM ORT,
WEIT IN DIE FREMDE FORT,
STEIG ER NOCH MAL AUF LINDL HÖHN,
WEIL DORT DIE RUNDSCHAU GAR SO SCHÖN.
SEIN LETZTER WUNSCH DER JUGEND TRAUM.
GOTT SCHÜTZE UNSERN LINDENBAUM

Der Krieg wandelte auch dieses Platzerl des Friedens und der Freude. Das Lindl wurde von der Wehrmacht als strategischer Punkt der Flugwache ausgebaut. Doch selbst in dem Kriegsjahr 1945, als auch regionale Fliegerangriffe immer gehäufter auftraten, blieb das Lindl verschont. Die Linde blühte im selben Jahr reicher denn je. Über die Jahre trieb ihr stetig wachsendes Wurzelwerk in die zugeschüttete Bunkeranlage, deren Reste heute noch erkennbar sind. Kriegsstürme hat sie überstanden, doch einem tobenden Gewittersturm am 21. Juli 1978 fiel dieser liebgewordene Baum zum Opfer. Wieder war die Bevölkerung erschüttert und der Lindl- Verein spürte Auftrag und Bestimmung mehr denn je. Ein neuer Lindenbaum wurde gepflanzt und so geht´s wieder weiter am Weyarner Lindl.

2 Die alte Linde von Fentbach - Tour 4 MB

Achtlos sausen die Autofahrer vorbei, zu kurz ist die geschwindigkeitsbegrenzte Strecke durch das kleine Dorf Fentbach, um wahrzunehmen, dass hier eine mächtige und uralte Linde steht.

Sie bilden eine untrennbare Einheit Kapelle, Hof und Baum. Der Überlieferung nach wird die Linde am Schaidl-Anwesen bereits im 11. Jahrhundert erwähnt. Hier war die Wegscheide, daher auch der Hofname, hinab zur Maxlmühle oder weiter auf der Straße nach Sonderdilching oder Westerham. Im Gegensatz zu allen Fentbacher Anwesen, die zum Kloster Weyarn gehörten, stand der Schaidl-Hof grundherrschaftlich stets mit der Grafschaft Valley in Verbindung. Im dortigen Sal- und Stiftbuch findet sich unter anderem folgender Baumpflanzungserlass an den Hofbewirtschafter: „..... nichtminder hat er alle Jahre 4 Obstpelzer oder Eichen zu pflanzen, im Unterlassungsfalle aber für jedes Stück 30 kr zu entrichten....."
Schon viele Male wurde die Linde durch Blitzschlag geschädigt. Am schwersten im Jahr 1835. Damals brannte die Linde bis auf den Stumpf nieder. Doch Dank der allgemein bekannten kraftstrotzenden Vitalität der Linden trieb auch dieser Baumstumpf wieder aus. 1954 brannte der Baum ein weiteres Mal nach einem Blitzschlag. Damals konnte das Feuer von den Anwohnern gelöscht werden. Mit 8,67 Meter Umfang in Brusthöhe und 13,43m am Fuß ist sie die größte Linde des Landkreises Miesbach und ein wunderbares Beispiel für die unerschütterliche Lebenskraft der Linden!

3 Die Kapellenlinde in Sonderdilching - Tour 4 MB

Wie ein zusammengestelltes Ensemble einer gewachsenen Kulturlandschaft präsentiert sich die Anhöhe von Sonderdilching. Auf dem höchsten Punkt steht die gotische Michaelskirche. Beschirmt wird dieses Kleinod aus dem 14. Jahrhundert von einer knorrigen Sommerlinde und ringsherum gepflanzten Obstbäumen. Gleichsam als Pförtnerin dieses Ortes begrüßt eine Tuffsteinsäule aus dem 17. Jahrhundert den Betrachter.
Die alte Linde vor der Kirche weiß eine heitere Geschichte über eine sonderbare Verwandlung, die sich an ihrem Stamm vollzog: „Wie die Bauern in Sonderdilching ihre Kapelle bauten, kam ein Metzger aus München auf einem Schimmel dahergeritten. Er sagte: „Den Schafstall muss ich mir doch auch anschauen". Da band er sein Roß an den Baum und ging in die Kapelle. Bald kam er wieder heraus und wollte weiterreiten. Aber er fand den Schimmel nimmer. An den Baum war jetzt ein Schaf angehängt. Zur Strafe für seinen Spott ist sein Roß in ein Schaf verwandelt worden.

Alte Bäume von Grub

Wer hätte das gedacht, dass das Hochplateau um Grub einen uralten Siedlungsraum birgt. Bei näherer Betrachtung verwundert es nicht, geschützt durch die steilabfallenden Flanken der Mangfall und den Kessel des sogenannten Teufelsgraben, einer eiszeitlichen Erosionsrinne steht dieser geschützte Ort auf fruchtbaren und quellreichem Boden. Was will man mehr, dachten sich wohl die Siedler von einst, noch dazu bekam man mit dem nahegelegenen Ort Helfendorf auch noch „Direktanschluss an den Durchgangsverkehr" der römischen Handelsstraße von Salzburg nach Augsburg. Zeugnisse der alten Kultur treten in dieser Gegend immer wieder zu Tage. Seien es die Keltenschanze aus der Latenezeit nordwestlich von Fentbach, Gräber aus der spätrömischen Kaiserzeit südwestlich der Gruber Kirche oder nördlich davon bajuwarische Reihengräber. Blickt man dann noch in die bewaldeten Hänge hinunter zur Mangfall erscheint einem dieser Platz als einer, an dem ein anderes Zeitmaß gilt als das sonst gefühlte.
An solch alten Orten gibt es natürlich auch alte Bäume. Das entdeckte vor 100 Jahren auch der Aiblinger Apotheker und leidenschaftliche Baumphotograph E. Meisner (Näheres über das Wirken E. Meisners finden sie in „Von Baum zu Baum" durch den Landkreis Rosenheim). Gleich drei interessante Bäume in Grub hat er photographiert und in gestochener Sütterlinschrift wie folgt beschrieben:

4 Die Lärche 1809 in Grub - Tour 4 MB

„In Grub bei Westerham im Mangfalltal erhebt sich hinter dem Hofe des Steffelbauern eine mächtige 30 m hohe Lärche. Ihr Umfang beträgt 2,10m in Brusthöhe und 2,80m bei der Wurzel. Ihre Äste beginnen erst in einer Höhe von 12m über dem Boden. Sie soll angeblich nach Aussage einer alten Bauersfrau aus Grub anno 1809 gepflanzt worden sein. Sie steht auf gutem Wiesengrund".

5 Die Zwillingslinde in Grub - Tour 4 MB

„In dem zwischen Westerham und Holzkirchen gelegenen Dörfchen Grub im Mangfalltal steht bei jetzigem Wasserwerk nordwestlich davon eine hohe zweistämmige Linde, deren Mächtigkeit man erst in unmittelbarer Nähe ganz ersehen kann, da das Wasserwerk zu sehr das Gesamtbild beeinträchtigt. Weißt doch der Baum in 1m Höhe vom Boden einen Umfang

von 10,50m! Der eine der beiden Stämme misst 6m der anderes 5,75m Umfang. Die Höhe der Linde beträgt 25,70m. Die beiden Stämme sind größten Teils im unteren Teil ziemlich hohl".

6 Die Christuslinde in Grub - Tour 4 MB

„Nicht weit von der oben beschriebenen Zwillingslinde entfernt steht an der rechten Seite des Sträßchens das nach der Kreuzstraße führt eine hübsche kleinblättrige Linde. Vor ihr ist ein Feldkreuz aus Holz angebracht, das ihr den Namen gab. Die Linde teilt sich in 3m Höhe in 2 starke Stämme, davon einer 2,70m, der andere 2,30m im Umfang mißt. Der Gesamtumfang des Baumes beträgt 3,50m, die Höhe 25m. Das vor ihr stehende Feldkreuz wurde 1902 errichtet und zwar von der Besitzerin des Grund und Bodens Frau Anna Orterer aus Grub. Die Linde ist vollkommen gesund und kraftvoll gewachsen".

7 Die Linde beim Schindlerkreuz in Grub - Tour 4 MB

„Sich auf dem Holzweg befinden" heißt es, wenn man im Irrtum ist. Als Holzweg bezeichnet wurden einst all die Schneisen und Tarnsportwege vom Wald zu den Triftplätzen bis hin zu den Sägewerken. Vor allem im Wald konnte man sich dabei „verirren" und daher rührt wohl auch diese Redewendung.
Oftmals eine echte Schinderei war der Transport des Holzes zu den Sägewerken. Meist wurde es entlang der Flüsse getriftet oder geflößt. Doch ebenso geschah der Hin- und vor allem der Abtransport der gesägten Balken und Bretter per Roß.

Bis 1923 war auch das Sägewerk in der Grubmühl ein wichtiger Holzlagerplatz. Über Jahrhunderte wurden die Rösser schäumend die steilen Straßen links und rechts der Mangfallflanken hinaufgepeitscht. Ein Ende der jahrhundertelangen Strapazen brachte schließlich das Leitzachstromwerk, von wo aus auch eine Leitung nach Grub verlief. Das Sägewerk an der Mangfall wurde nach Grub herauf verlegt. Zum Gedenken an diese neue Zeit wurden vom Eigentümer zwei Linden gepflanzt und ein Gedenkkreuz gestiftet. Eine Linde musste später dem erweiterten Stromnetz bzw. dem Transformatorhaus weichen. Heute verläuft die Leitung in der Erde.

8 Die alte Linde von Großhelfendorf - Tour 4 MB

Die Römer hat sie zwar noch nicht gesehen, doch steht die alte Linde von Helfendorf wahrlich an einer alten Wegkreuzung. Isinisca hieß Helfendorf damals, als durch diesen Ort die „Via consularis" die Hauptverbindungsstraße und Lebensader zwischen „Augusta vindelicum", dem heutigen Augsburg und „Iuvavum", heute Salzburg, verlief. Diese beiden Städte waren einst die bedeutenden Militär- und Verwaltungszentren der römischen Provinzen Rätien (zwischen Rhein und Inn) und der Provinz Noricum (vom Inn bis nach Wien). Doch auch eine Nord-Südachse gab es eine „Publica callis", die von Regensburg, der einstigen nördlichen Festungsanlage „Castra Regina" über Landshut hierher führte.

E. Meisner (näheres über den Apotheker und Baumphotographen Meisner in „Von Baum zu Baum" durch den Landkreis Rosenheim) beschrieb die alte Linde vor 100 Jahren folgendermaßen: „An der Wegkreuzung von Kleinhelfendorf – Göggenhofen und Großhelfendorf – Heimatshofen befindet sich eine mächtige große Sommerlinde mit 5,20m Umfang und zwar da, wo die 3 Stämme aufeinandertreffen und 5,60m wo die Stämme sich teilen.....Jeder einzelne der 3 Stämme misst 2,50m Umfang..... Auf ihrer südöstlichen Seite befindet sich ein eisernes Feldkreuz, dass auf einem ca. 40 cm hohem Sockel und Stein steht. Die Linde bildet ob ihrer Standstruktur und ihrer Position einen bei Manövern öfter benützten strategischen Punkt".

Als „strategischer Punkt" dient die Linde heute nur mehr während der alljährlichen Fronleichnamsprozession. 1997 wurde ein neues Kreuz gestiftet.

9 Der heilige Emmeram in Kleinhelfendorf - Tour 4 MB

„Das Bayernland dankt für sein unschuldig Leiden und den reichen Segen seines Lebens dem Herrn immerdar". heißt es über den hl. Emmeram in dem Martyrologium von Löhe. Untrennbar ist er verbunden mit diesem alten Ort, der Missions- und Wanderbischof St. Emmeram aus Aquitanien (Südfrankreich). Zusammen mit den Heiligen Rupert und Korbinian ist er der dritte im Bunde der „Drei Apostel Bayerns“. Im Jahr 652 war es nach der Legende, als Helfendorf zum Ort des Martyriums des hl. Emmeram (Haimeran), Bischof von Regensburg, wurde. Auf einer Pilgerreise nach Rom befand er sich und stillte an einer sprudelnden Quelle seinen Durst, da erreichte ihn der rasende Landpert mit seinem Gefolge. Er war der Bruder von Ota, die hochschwanger den abwesenden Emmeram als Vater des vermeintlich unehelich gezeugten Kindes angab. Fälschlicherweise, denn der eigentliche Erzeuger war ein Ritter aus dem Gefolge ihres Vater, dem Bayernherzog Theodo. Mit der Notlüge folgte sie der Legende nach dem Rat des Emmeram selbst. Jedoch wurde seine Pilgerreise als Flucht und Schuldzuweisung angesehen. Das Schicksal nahm seinen grausamen Lauf. Emmeram wurde auf einem Stein gefoltert und gemartert. Die Peiniger trennten ihm die Gliedmaßen vom Leib und warfen diese nach der Legende in einen hohlen Baum bzw. einen Strauch. Darauf erschienen drei weißgewandete Reiter und führten die Gliedmaßen mit sich. Der sterbende Emmeram wurde auf einen Ochsenkarren gelegt. Auf der führerlosen Fahrt verstarb der Heilige. In Aschheim wurde der Leichnam beigesetzt. Von nun an reihen sich die Wunder aneinander. 40 Tage und Nächte regnete es, der Leichnam wurde exhumiert und auf ein Schiff gelegt. Isar abwärts und Donau aufwärts gelangte es nach Regensburg. Dort fand Emmeram schließlich seine letzte Ruhestätte. Ein verdörrter Weißdorn trieb unmittelbar nach der Beisetzung wieder aus und blühte im September als Zeichen seiner Unschuld. Emmeram wurde zum Patron des Bistums Regensburg.

Ein ganzes Ensemble an sakralen Stätten befindet sich in Kleinhelfendorf zum Gedenken an den heiligen Emmeram. Neben der Pfarrkirche mit dem Patrozinium des Heiligen sind es vor allem die drei Kapellen, die mit ihm erdhaft in Verbindung stehen. Die Marterkapelle beinhaltet den Marterstein des Emmeram. Auf diesen großen Granitfindling legten einst die Pilger Kräuter, die sie später als wirksame und geheiligte Medizin für sich und das Vieh verwendeten. Die Brunnenkapelle fasst die Quelle, aus der Emmeram trank, sie galt als heilkräftig gegen Fieber und Augenleiden. Heute erfreuen sich die Frösche darin. Schließlich der Bildstock, der die Stelle markiert, an der die Gliedmaßen des Heiligen in einem hohlen Baum verborgen waren. Noch vor wenigen Jahren war sie umsäumt von zwei mächtigen Ulmen, sie wurden durch den Ulmensplintkäfer und den damit einhergehenden Pilzkrankheiten derartig geschwächt, dass sie leider gefällt werden mussten.

10 Die alte Linde von Oberlaus - Tour 4 MB

Was für ein Baum, ist man geneigt auszurufen, wenn man die Anhöhe von Oberlaus erreicht. Doppelt so mächtig war sie einst die alte Linde und Geschichten weiß sie viele. Immer schon gehörte sie zum Moritzhof von Oberlaus, bis zur Säkularisation war er klösterlicher Gutshof, damals barg die Linde auch eine Kapelle unter ihrem Blätterdach. Durch Brandstiftung vollkommen abgebrannt wurde der Hof vor gut 100 Jahren wieder aufgebaut. Heute erinnert nur mehr das Fundament des Backofens, in dem 32 Laib Brot Platz fanden und die alte Linde an die längst vergangene Zeit.

Längst vergangen sind auch die Zeiten, als man an ihrem Stamm mit den Pferdefuhrwerken vorüberzog. Damals in den 20iger Jahren hatte sich ein Hornissenschwarm in dem hohlen Stamm der Linde eingenistet und die Rösser scheuten deswegen an diesem Platz. Kurzer Hand brannte man das Hornissennest aus und die Pferde hatten wieder Ruh. Die Radfahrer brauchen heute keine Hornissen mehr zu fürchten, denn die sind selten geworden. Abgesehen davon sind diese schwerfälligen Brummer relativ friedfertige Gesellen, wenn man sie in Ruhe lässt. Somit hat die Hornisse von ihrem Wesen her mit einem Bayern viel gemeinsam!

Richtig bekannt wurde die alte Linde von Oberlaus allerdings wegen folgender Geschichte. „Unter ihr hat nämlich der Napoleon Brotzeit gemacht", heißt es. Na ja, das klingt ja spannend und einem „großen Feldherrn" wäre sie als Schattenspenderin gewiss würdig gewesen. Außerdem gibt es eine ähnliche nachweisbare Geschichte über eine ehrwürdige alte Linde von Burghausen. Unter dieser ließ sich Napoleon nieder bevor er über die Salzach übersetzte und zur entscheidenden Schlacht am Walserfeld rief.

Könnte es sein, dass der Feldherr damals während des sogenannten 2. Koalitionskrieges auch an der alten Linde von Oberlaus vorbeikam. Eine alte Handelsstraße verlief jedenfalls an ihr und Hohenlinden, wo am 3. Dezember 1800 die Schlacht gegen das vereinte bayerisch-österreichische Herr geschlagen wurde, war nicht weit. Tausende Soldaten kamen damals ums Leben. (siehe „Von Baum zu Baum" durch den Landkreis Traunstein „Der Buchenwald von Baumburg"). Auch die Bevölkerung blieb nicht verschont. So manche Votivtafel dieser Region zeugt von den Übergriffen umherziehender französischer Soldaten. Auch 1805 während des 3. Koalitionskrieges war Napoleon wieder in der Nähe, damals wurde er am 24. Oktober allerdings als Befreier von München gefeiert. Bayern war nun auf Seiten Frankreichs gewechselt und war von Österreich besetzt worden. Über Haag (Übernachtung beim Schwan– Wirt), Mühldorf und Altötting zog Napoleon weiter nach Wien und siegte schließlich bei Austerlitz. Wieder starben Tausende. 1809 galt es erneut die österreichischen Truppen aus Bayern zu vertreiben. Damals ging der Feldzug allerdings nördlicher über Donauwörth – Pfaffenhofen – Abensberg – Kirchdorf – Siegenburg – Pfeffenhausen – Landshut und endete schließlich siegreich bei Eggmühl. Damit waren die napoleonischen Schlachten auf bayerischem Boden zu Ende, für rund 30000 bayerische Soldaten endeten sie erst 1812 im Russlandfeldzug, von wo 27000 nicht mehr zurückkehrten.

Bei so viel Krieg und Not tut es gut, wenn im Zusammenhang mit Napoleon von einer so friedlichen und undramatischen Handlung wie dem „Brotzeit machen" unter der Linde von Oberlaus erzählt wird. Ob es nun wirklich der Napoleon war oder irgendein anderer „Franzos" ist dann im Falle einer solch urbayerischen und weihevollen Tätigkeit letztendlich „Wurst".

11 Die Weidenbögen in Oberreit - Tour 4 MB

In Oberreit gab es vor 100 Jahren die lustige Sitte sogenannte Weidenbögen zu ziehen und die jungen Bäume an der Spitze miteinander verwachsen zu lassen. Beim Kern-Anwesen stand noch bis in die 30iger Jahre ein solcher Bogen.

Der größte unter ihnen aber war die „Triumphbogenweide" beim Staffel-Anwesen. Sie hatte eine Bogenweite von 5 Metern.

12 Die alte Kapelleneiche in Altenburg - Tour 4 MB

Auf dem höchsten Punkt von Altenburg steht eine Kapelle mit einer mächtigen alten Eiche. einst hatte sie noch eine Schwester, doch die kam durch einen Blitzschlag in den 60iger Jahren ums Leben. Traditionell findet an diesem malerischen Aussichtspunkt jährlich eine Maiandacht statt.

13 Die „dicke" Eiche von Westerham - Tour 4 MB

„500 Jahre kommt sie, 500 Jahre geht sie", so heißt es über die Lebenszeit einer Eiche. Demnach darf die „dicke" Eiche von Westerham, mit ihren fast 5 Meter Umfang, gewiss noch viele Generation an ihrem Stamm begrüßen. Um so schöner, denn sie wächst unweit des örtlichen Kindergartens und hat schon viele „Sprösslinge" fasziniert, nicht nur wegen des Eichelnsammelns im Herbst, sondern auch „weil sie so dick ist".

14 Die Luitpoldeiche von Feldkirchen - Tour 4 MB

Würden alle Bäume zusammenstehen, die einst zu Ehren des Prinzregenten Luitpold in Bayern gepflanzt wurden, so gäbe dies geradezu einen kleinen „Luitpold – Forst". Allein in den Landkreisen Rosenheim und Traunstein finden sich heute noch über ein Dutzend solcher Luitpoldbäume. Auch in Feldkirchen pflanzte die Gemeinde 1891 anlässlich des 70. Geburtstags des Monarchen eine Luitpoldeiche. Im Gemeindeausschussprotokollbuch heißt es hierüber: „In heutiger Ausschusssitzung wurde beschlossen, zur Erinnerung an das 70. Geburtstagfest Seiner kgl. Hoheit Prinzregent Luitpold von Bayern am 12. März 1891 eine Eiche zu pflanzen und eine marmorne Widmungstafel aufzustellen. Die Kosten werden von der Geimeinde – Caßa bestritten."

Wenn man das Denkmal betrachtet, fallen augenscheinlich zwei Einschussmulden sowohl in der Sandsteinsäule als auch in der Marmortafel auf. Es heißt, als amerikanische Truppen am 1. Mai von Aschbach kommend in Feldkirchen einmarschierten wurde auf das Luitpold – Denkmal geschossen. Vielleicht hielten die Soldaten das Denkmal für ein Symbol des deutschen Militarismus bzw. des Nationalsozialismus. Der Altertumsverein von Feldkirchen – Westerham hat 2006 umsichtig die Renovierung des Denkmals vorgenommen. Nicht nur der Stein wurde vorbildlich wiederhergestellt, sondern auch die Eiche wurde saniert und vor dem Luitpolddenkmal wurde ein Rosenbeet angelegt. So ziert nun dieses wunderschöne Ensemble als stilles, beschauliches Kleinod die oftmals so hektisch-frequentierte Ortsausfahrt von Feldkirchen.
Ein weiteres sehenswertes Luitpolddenkmal befindet sich in Westerham. Am 12. März 1911 stellte die Gemeinde anlässlich des 90. Geburtstages des Prinzregenten den Luitpoldstein auf. Dieser beeindruckende Marmorblock wiegt 315 Zentner. Der Fels stammt aus einem Steinbruch am Fuße des Untersbergs. Von Salzburg aus wurde er per Eisenbahn nach Westerham transportiert. Danach auf verstärkte Schlitten verladen und durch Pferde weiterbefördert. Mit Seilwinden wurde der Luitpoldstein schließlich auf seinen Standort aufgestellt.

Nähere Informationen über die Geschichte von Feldkirchen und Westerham erhalten Sie über den Altertumsverein Feldkirchen-Westerham unter www.feldkirchen-westerham.de/gestern

15 Die alte Linde und die Lindenallee von Staudach - Tour 4 MB

Wer sich die Mühe macht und links neben der Luitpoldeiche die Steigung Richtung Höhenrain hinaufradelt, wird belohnt werden. Nach 150m begrüßt einen rechterhand ein wunderschöner alter Lindenbaum. Ihm gegenüber öffnet sich die ca. 350 Meter lange Lindenallee zum Schloss Staudach. Der Rittmeister und Porzellanfabrikbesitzer Alfred Pabst aus Selb in Oberfranken hat dieses Schlossgebäude 1901 als Sommer- und Jagdsitz erbauen und die Allee pflanzen lassen.
Es heißt, dass dort einst ein altes sagenumwobenes Schloss stand. So manchem Baumfreund hat die Linde die Sagen schon erzählt. Man muss nur fest am Stamm horchen!

16 Erinnerungen einer Feldkirchner Baumliebhaberin und die „alte Tanne" vom Oedbichl - Tour 4 MB

Mit 70 Jahren begann Liesl Mareis ihre Aufzeichnungen über die Erlebnisse in ihrer Heimatgemeinde Feldkirchen aufzuzeichnen. Sie selbst wuchs als letztes von 12 Kindern auf einem Gasthof in Feldkirchen auf. Erdverbunden, klar und „grad raus" schilderte sie ihre Erinnerungen über die Landschaft und die Geschichte um die Jahrhundertwende bis zum II. Weltkrieg. In dem Kapitel über „Bäume, Wald und Boten" beschreibt sie auch ihre Beziehung zu liebgewordenen Bäumen: „... Nördlich von Feldkirchen ziehen sich bewaldete Höhen hin, ein Buckel heißt der Ölberg. Am Eingang zu diesem stand ehedem eine offene Kapelle.... Der Eingang zum Ölberg mit den schönen Buchen glich einer Vorhalle zu einem Heiligtum. Der damalige Glasl, dem dieser Buchenwald gehörte, konnte diese Schattenbäume nicht leiden und ließ sie abholzen. Ich bat Herrn Pfarrer Lenz, er möchte doch für die Ölbergbäume ein gutes Wort einlegen, damit sie erhalten blieben, doch der Allgäuer wusste nichts von der Schönheit des Waldes, er schätzte nur den Ertrag des Holzes und deshalb mussten die Bäume fallen. So verfiel die Kapelle und die 14 Stationen auch noch. Am Ende des Kreuzweges stand eine Figur, sie hieß der schiache Hannes....."

Liesl Mareis beschrieb auch den alten Fichtebaum am Oedbichl, bei der Bevölkerung als „alte Tanne" oder „Eder-Tann" bezeichnet:„...... Auf diesem (Oedbichl) stand bis zu dem letzten Krieg eine wunderschöne Fichte, die verdient hätte unter Naturschutz zu stehen. Ehedem konnte man sich unter dieser Eder-Tann, wie die Leute sie hießen, bequem auf einer Bank niederlassen und ins Gebirge schauen. Ein paar Männer umspannten den Stamm der Fichte, so alt war der Baum schon...." Auch E. Meisner entdeckte diesen gewaltigen Baum und photographierte die mächtige Fichte vom Oedbichl am 14.10.1911.

17 Die Hochzeitsbäume von Feldkirchen - Tour 4 MB

Schwer fiel es den Feldkirchnern gewiss nicht als sie im Jahre 1895 gleich viermal Hochzeitsbäume aufstellen durften. Schön geschmückt mit geflochtenem Reif und Bändern standen diese Fichtenstangen damals in den Vorgärten „Beim Huber", „Beim Weber", „Beim Stadler" und „Beim Völkl". Und eine gute Partie waren sie auch, die jungen Hochzeiterinnen, denn sie brachten gemeinsam 200.000 Goldmark in die Gemeinde. Wie heißt es in einer altbayerischen Spruchweisheit: „Liebe vergeht, Goldmark besteht!" Verständlich, dass die „Zech" der Feldkirchner Wirtshäuser damals alles bisher Dagewesene in den Schatten stellte.

18 Die Waldirrwurzel von Naring - Tour 4 MB

„Hier ein wichtiger Hinweis an alle Radlfahrer, die bei Einbruch der Dunkelheit unterwegs sind": Bitte achten Sie beim Durchfahren des kleinen Waldes von Naring, dass Sie auf keine Irrwurzel fahren, sonst könnt es Ihnen so ergehen wie in dieser überlieferten Sage: „Gar nicht weit von Naring ist ein Wäldchen, durch welches der Fußweg nach Westerham führt. Meine Großmutter erzählte mir, dass in dem Walde die Irrwurzel wäre. Wer bei Nacht auf diese Irrwurzel trete, der finde nicht mehr aus dem Walde, bis es Tag wird".

19 Die große Linde von Arnhofen - Tour 4 MB

„Gewaltig wie ein Adler" steht sie da und macht damit ihrem Standort alle Ehre, denn der Ortsnamen Arnhof stammt von „Hof des Arnold" (Arnold = Aranold = gewaltig wie ein Adler). Ob sie ihn schon gesehen hat den Weyarner Propst Jakob Schlipfhaimer - ganz so alt wird sie wohl noch nicht sein. Dieser Propst wurde 1435 auf Druck von Herzog Ernst hierher verbannt. Die Umstände liegen im Dunkeln, doch wird vermutet, dass Schlipfhaimer in dem Geschehen um Agnes Bernauer die Ermordung der jungen Frau aus politischem Kalkül verurteilte und deswegen seines Amtes enthoben wurde. Vielleicht birgt die alte Linde in ihrem Stamm ja den Eintritt zu dem unterirdischen Gang direkt ins Kloster Weyarn, von dem man sich seither erzählt.

Wohl Zeugin einer anderen tragischen Begebenheit war die Linde Jahrhunderte später. Das Arnhofener Marterl schräg gegenüber des Baumes an der Abzweigung nach Weyarn verweist darauf. 1782 wurde es aus Tuffstein gefertigt und mit einem schmiedeeisernem Dreibalkenkreuz versehen, um gleich dreifach alle schlechten Einflüsse von diesem Ort zu vertreiben. In diesem Jahr wurde der Arnhoferbauer Mathias Mayr von einem hinabrasenden Pferdefuhrwerk überrollt und wohl so schwer verletzt, dass er noch im gleichen Jahr seinem 23jährigen Sohn das Anwesen übergab.

20 Zur Erinnerung: Die „Breit Eiche" beim Deßl - Tour 4 MB

„Ewig schad", sagt man, wenn man den unwiederbringlichen Verlust etwas Liebgewonnenen beklagt. Grad so möchte man seufzen, wenn einem die Geschichte um die „Breit Eich´n" erzählt wird. Auf der Weide vom Deßl stand sie, diese einst „Größte Eiche Bayerns". Durch einen angestellten Knecht wurde der Baum 1915 aus Unachtsamkeit, Gleichgültigkeit oder vielleicht auch aus Übermut und Prahlerei gefällt.

Das Heimatmuseum von Bad Aibling bemühte sich noch um eine Baumscheibe dieses Kolosses, doch war der Kostenvoranschlag des Bauern für das Sägen und Transportieren zu hoch und so blieb die Gefällte auf der Weide liegen. Selbst jetzt blieb sie noch eine Attraktion und diente Schulklassen und interessierten Besuchern Jahrzehnte lang als Photomotiv. Die letzten Reste ihres Stammes wurden vor 10 Jahren beseitigt.

Zwei leidenschaftlichen Baumphotographen ist es zu verdanken, dass soviel überlieferte Zeugnisse über diesen beeindruckenden Baum existieren. Zum einen photographierte der Aiblinger Apotheker Engelbert Meisner die Eiche (näheres über das Wirken E. Meisners finden sie in „Von Baum zu Baum" durch den Landkreis Rosenheim). Der andere wichtige Zeitzeuge war Friedrich Stützer. Er war Inspektor bei der bayerischen Staatseisenbahn und kam viel umher. Als Steckenpferd hatte er das Photographieren von Baumpersönlichkeiten

entdeckt. Doch Stützer war weitaus mehr als nur ein bahnreisender Baumphotograph, denn er beschrieb diese Bäume in einem amüsant-heiteren, bisweilen lyrisch anmutenden wie auch sachlichen Stil. Das gefiel der königlich bayerisch privaten Kunst- und Verlagsanstalt Piloty und Loehle so sehr, dass daraus Friedrich Stützers vierteilige Bücherreihe mit dem ellenlangen Titel „Die größten, ältesten und sonst merkwürdigen Bäume Bayerns in Wort und Bild" entstand. Für Baum- und Naturfreunde ein ausgezeichnetes, ja faszinierendes Archiv. Welch ein Glück, dass Baumfreund Stützer auch auf die „Breit Eich´n" stieß und somit folgender Text und eine Photographie aus dem Jahr 1900 erhalten ist.

„.....Es mögen bis jetzt nur wenig Menschen den Weg zu der Eiche gesucht und gefunden haben; sie steht einsam in südlicher Richtung, zehn Minuten von dem Einödhof „Dessel" auf einer sanft nach Norden geneigten Acker- und Wiesenfläche".

In früheren Jahrhunderten muß die „Breit Eich´n" als sie auf der Höhe ihres Wachstums und Gedeihens stand, mit ihrem weitschattenden Blätterdach einen überwältigenden Anblick gewährt haben; selbst jetzt noch, in ihrer gebrochenen Kraft entlockt sie dem Wanderer staunende Rufe der Bewunderung ob ihrer Gewaltigkeit.

Ein wetterharter, vom Blitz zerspaltener, von Stürmen zerrissener Stamm, mit weitausgreifenden, sonderbar geformten Ästen, zeigt die Eiche sich dem überraschtem Blicke. Sechunddreißig Schritte sind erforderlich, den Wurzelstock zu umgehen. In 30 Zentimeter Höhe hat der Stamm 10,20 in 1,70 Meter Höhe 8,60 Meter Umfang. Der größte Ast hat einen solchen von 3,70 Meter.

Der alte Deßlbauer erzählt, dass vor 70 Jahren zirka 15 Äste von der Eiche zum Bau einer Mangfallbrücke verwendet wurden, und dass über ein Dutzend Säulen in seinem Stalle von ihrem Holz gezimmert sind. Von dieser zweifachen Nutzbarmachung, des nicht mit Vorbedacht weggenommenen, sondern durch Blitz und Sturm namentlich von der Wetterseite des Baumes abgesprengten Holzes war er Augenzeuge. Dagegen nur auf mündliche Überlieferung gründet sich seine Angabe, dass die Eiche im Jahre 1781/18 Scheffel Eicheln gegeben haben soll.

Er selbst kann sich nur mehr an Ernten bis zu 3 Scheffel erinnern. Die Frucht, die ein kleiner Teil von Ästen jetzt noch alljährlich

zeitigt, ist von bemerkenswerter Größe und Schönheit, eine solche vom Jahre 1900 wog ohne Kapsel 10 Gramm, ihr Längenumfang betrug 82, der Querumfang 64 Milimeter.
.....Auf die Frage, ob ihre Entfernung vielleicht in nächster Zeit beabsichtigt sei, erwiderte er treuherzig: „Schaug, mein Ahnl (Großvater), hat´s nöt umbracht, mei´ Vata hat´s nöt braucht, und i bin a nöt verdorb´n dabei, und du Bua (zu seinem Sohne gewendet), wenn´s d´ den Hof amol kriagst, du derfst´s a nöt umhau´n". Dieser „Bua" war bereist ein 49jähriger Mann! Wird die Mahnung auch nach dem Tode des Besitzers und Familienoberhauptes von den Nachkommen in gleicher Pietät, wie von den Vorfahren beherzigt, so kann zu dem wohl jetzt schon tausendjährigen Dasein der Eiche noch manch´ Jahrhundert kommen, bis sie wieder in jene Atome aufgelöst sein wird, aus denen ihr Keim einstens dem Boden entsproß. Noch unter dem Schutze des Urwaldes mag sie zum mächtigen Baume herangewachsen sein, und während Hirsch und Eber und anders Urwaldgetier zu ihren Füßen spielten, tönte Waldvögeleins leises melodisches Lied aus dem Wipfel.
Die „Breit Eich`n" ist eine gewaltige Repräsentantin ihrer Gattung und erinnert unwillkürlich an die „heiligen" Bäume".

21 Die König – Ludwig III. – Linde bei Großseeham - Tour 4 MB

Auf einer kleinen Anhöhe des Weinfeldes von Seeham thront eine Linde. Es heißt, dass Sie anlässlich eines Besuchs der Leitzachwerke durch König Ludwig III. gepflanzt wurde. Tatsächlich erhielt die Gegend zweimal „allerhöchsten Besuch". Zum einen im Rahmen der Einweihung der Leitzachwerke 1913 und ein weiteres mal am 12. Juli 1917. „Seine Majestät der König beehrte die Leitzachwerke und besichtigte die Gesamtanlagen vom Seehamersee bis zum Maschinenhaus in Vagen", heißt es darüber im Miesbacher Anzeiger.
Als „Bayerns mächtigstes Wasserwerk" wurden die Leitzachwerke damals bezeichnet, denn sie lieferten 90 % des Strombedarfs von München. Angeregt von Oskar von Miller, dem bayerischen „Strompionier" und Gründungsvater des Deutschen Museums, war es vor allem der „geheime" Oberbaurat Schmid, der die Pläne für diese größte Wasserkraftanlage Deutschlands schuf.Das Landschaftsbild um die Linde, die rund einen Kilometer entfernt von den mächtigen alten Wasserfallrohren des Kraftwerkes gepflanzt wurde, unterscheidet sich heute gravierend von einst. Zum einen durchschneidet seit 70 Jahren die Autobahn München – Salzburg das Gebiet. Zum anderen erhebt sich südlich und östlich über alle Kammrücken wieder ein dichtes Waldgebiet mit hohem Fichtenbestand.

22 Zur Erinnerung: Die Seehamer Linde und der Schneebruch 1951 - Tour 4 MB

„An der Straßenteilung Seeham – Holzolling und Seeham – Weyarn erhebt sich etwas nordwestich der Wirtschaft Seeham eine gesunde, regelmäßig gewachsen Linde von 3,56m Umfang. Die Höhe beträgt 28m. Vor ihr befindet sich ein Kruzifix und Gebetskreuz...." so berichtete E. Meisner 1911 über die Seehamer Linde. 40 Sommer lang sollte sie als reiche Bienenweide Imker und ihre Völker der Umgebung noch erfreuen. Dem schweren Schneebruch im Winter 1951 konnte ihr weiches Holz nicht standhalten und die Linde brach, wie zahlreiche andere ihrer Schwestern der Region, auseinander.

23 Das Marterkreuz bei der Linde in Kleinseeham - Tour 4 MB

Wie kleine Bäumchen ragen sie aus dem Boden hervor, oftmals beschirmt durch den schützenden und ausladenden Kronenraum einer alten Linde. Im Gemeindegebiet von Weyarn wurden durch den Arbeitskreis „Marterl" in umsichtiger Weise viele dieser Bildstöcke und Steinmarterl der Region vorbildlich restauriert und geschichtlich erforscht.
Wenn schon nicht in der Höhe, so stehen die steinernen Marterl im Alter ihren schattenspendenden Begleiterinnen in nichts nach - ja nicht selten übertreffen sie diese sogar. Und an Geschichte und Geschichten haben sie ebenso viel Spannendes, Heiteres und Tragisches zu berichten, wie die folgenden Beispiele zeigen.
Am westlichen Ortseingang von Kleinseeham steht ein altes Materkreuz bei der großen Linde. Es wurde 1684 aus Tuffstein in der Form eines Deutsch-Ordens-Kreuzes zum Gedenken an ein tragisches Ereignis gefertigt. Denn am 16. September 1684 fällt der Maier-Bauer Johannes Hager (Inschrift „HH" – Hans Hager) drei Monate nach seiner Hochzeit beim Obstpflücken von einem Baum und stirbt.

Doch nicht nur derart tragisches berichten die steinernen Gedenkstätten, sondern auch so manches zum Schmunzeln. So stellte der Bauer vom Westiner-Anwesen bei Gotzing vor 200 Jahren eine Sühnesäule aus Reue wegen begangenen Ehebruchs auf. Oder über die Martersäule im Pfarrhof von Neukirchen schreibt der Weyarner Propst Valentin Steyrer am 23. Januar 1646 an seinen Kurfürsten: „So ist auch noch heutiges Tags nägst vor dem Pfarrhoff ain alte Stainer Martyrsäul zu sehen, welche die abergläubige Pfarrkinder ihrem getreuen Seelsorger zu truz oftermal nidergerissen, war woll P. Loy solche allzeuit widerumb erheben lassen, bis man sie endlich mit starrkhen eysernen Klampern befestigt hat".
Diese und weitere lesenswerte „Marterlgeschichten" rund um Weyarn finden sie in einer Broschüre. Darüber hinaus werden Führungen zu diesen sehenswerten und einzigartigen Objekten angeboten. Näheres über Führung und Broschüre erfahren Sie beim Arbeitskreis Marterl; Jos. Hatzl Tel. 08020-882 sowie bei der Gemeinde Weyarn Tel. 08020-1887-0

24 Der Kreuzberg von Neukirchen - Tour 4 MB

Nach dem deutsch – französischen Krieg 1870/71, der landläufig als 70iger Krieg bezeichnet wird, veränderte sich das europäische Machtgefüge maßgeblich. Im Siegestaumel der Verbündeten deutschen Staaten riefen diese den preußischen König Wilhelm I. am 18. Januar 1871 im Spiegelsaal von Schloss Versailles zum Deutschen Kaiser aus und das Königreich Bayern wurde ein Teil des Deutschen Reiches.
Unmittelbar nach der Heimkehr wurden von den Kriegsteilnehmern in Bayern zahlreiche Gedenkstätten errichtet. Die Soldaten pflanzten Friedenslinden oder Siegeseichen oder stellten Gedenkkreuze auf. So auch auf einem Hügelvorsprung von Neukirchen. Aus Dank für die unversehrte Heimkehr und aus Freude über den gewonnen Krieg und die damit verbundenen Friedensfeiern stellten die Kriegsheimkehrer der näheren Umgebung dort

am 14. Mai 1871 ein Siegeskreuz auf und pflanzten drei Linden. In dem schweren Sturm in der Nacht vom 19. auf den 20. Dezember 1911 brach das Kreuz und wurde schwer beschädigt. Daraufhin errichtet der Veteranenverein ein beindruckendes neues Gedenkkreuz. Aus einem Eichenstamm aus Unterhofen bei Kematen wurde ein 8 Meter langes Kreuz gezimmert und eine lebensgroße 5 Zentner schwere Christusfigur daran befestigt. Bei einer umfassenden Kreuzrenovierungen 1976 musste der Kreuzpfeiler auf 6 Meter verkürzt werden. Der 712 Meter hohe Kreuzberg bietet dem Betrachter einen wunderschönen Ausblick auf den Wendelstein und die Seehamer Seenlandschaft.

25 Die Pestlinde von Wattersdorf - Tour 4/MB

Gewiss eine der schillerndsten Pröpste des Klosters Weyarn war der aus Schlehdorf am Kochelsee stammende Valentin Steyrer. Seine regen Bautätigkeiten, äußeren Besitzvermehrungen, aber auch inneren Strukturreformen haben das Kloster maßgeblich geprägt. Dabei steuerte Propst Valentin während seiner Amtszeit von 1626 / 59 die Geschicke des Klosters umsichtig durch die schweren Nöte und Bedrohungen, die während des Dreißigjährigen Krieges den bayerischen Raum heimsuchten.
1632 wurde das bayerische Heer unter Tilly bei der Schlacht in Rain am Lech durch die Schweden vernichtend geschlagen, München wurde kampflos besetzt, der Schwedenkönig Gustav Adolf bezog die Münchner Residenz, aus der Bayernherzog Maximilian I. kurz zuvor geflohen war. Hatte man in Weyarn die ersten Schwedeneinfälle glimpflich überstanden, so bahnte sich von München kommend eine weitere Katastrophe für die Bevölkerung an. Die Pest wütete in Bayern und sie raffte in manchen Regionen über 2/3 der Bevölkerung hinweg. Auch Weyarn war betroffen. Peter Mareis, Vikar von Neukirchen und guter Freund des Propstes, verstarb am 14. Februar 1633 als erstes namhaftes Opfer des Stiftes an dieser Krankheit. Weitere Tote folgten. Auf Grund der zunehmend bedrückenden Lage durch Kriegseinwirkungen und der ansteckenden Seuche, wurde die für Juli geplante 500-Jahr-Feier abgesagt. Unaufhörlich und immer rasanter breitete sich die Pest im Stiftsgebiet aus. Ihren schrecklichen Höhepunkt erreichte sie 1634. Zwischen August und Dezember verstarben 652 Menschen der Propstei an der Pest. Auf der Wiese vor der Brucker Kirche unweit des Seehamer Sees wurden die 391 Toten der Pfarrei Neukirchen verscharrt. Die Pfarrei Feldkirchen beklagte über 723 Tote, davon allein 186 in Westerham und 200 in Unterdarching. In Helfendorf notieret der Ayinger Pfarrer, dass 347 Tote überall herumlägen und niemand mehr da sei, um die Toten zu beerdigen. Nahezu apokalyptisch war es in München selbst, dort schätzt man über 15000 Pesttote.

Als die Seuche auch innerhalb des Konvents immer mehr um sich griff, sah sich Propst Valentin veranlasst, eine Demarkationslinie um das Kloster festzulegen. Richtung Osten wurde zwischen Wattersdorf und Weyarn ein Schlagbaum mit Kontrollposten aufgestellt. Bis in die 20iger Jahre stand an dieser Stelle die sogenannte Pestlinde. Damals hatte der Baum einen Stammumfang von über 6 Metern. Sie wurde durch den verheerenden Gewittersturm an Fronleichnam 1922 entwurzelt, dem zahlreiche alte Bäume des Landkreises zum Opfer fielen. Eine neugepflanzte Linde und ein Feldkreuz erinnern heute an die tragische Geschichte von einst.

Tour 5 MB
Hofoldinger Forst
HOLZKIRCHEN
Markt (690 Pfarrkirche)
Grafing
Brand
Arget
Hienlohe
Heigenkam
Wettlkam
Bergham
Otterfing
Holzham
Fostbauer
Kühlechner
Nehaider
Mölgg-Aberg
Fellach
Hohendilching
Valley
Unterdarching (654)
Erlach
Palnkam
Föching
Erlkam
Heignkam
Neuerlkam
Maitz
Inselkam
Haid
Roggersdorf
Thalham
Teufelsgraben
Autobahnmeisterei
Fichtholz (Autobahnsiedlung)
Holzkirchen
Unterlaindern
Oberlaindern
Mitterdarching
Oberdarching
Abdecker
Marschall
Lochham
VIVO-Wertstoffhof
Draxlham
Thann
Sommerau
Buch
Kleinhartpenning
Sufferloh
Großhartpenning
Asberg
Kirchbergkp.
Kurzenberg
Tannholz
Oster-Warngau
Warngau
Ober-Urthal
Taubenberg
Schwarzer Berg
Christoph
Kögelsberg
Winkelfilzen
Tannried
Reitham
Geiselberg
Reutberg
Piesenkam
Allgaukp.
Allgau
Rotberg
Schmidham
Wildschwaiger
Grotte
Hirschbrunn
Buchet
Diensthäusl
Kleinkarolinenfeld
Kleinschwaig
Sporer
Kreuzstraße
Sollach
Aberg
Holzbauer
Winkel
Baumgarten
Thannseidl
Allerheiligen
MB 2
MB4
MB 3
MB 15
MB19
MB10
MB 12
M 8
St 2073
TÖL10
1 km in der Natur
N

Tour 5 - MB

Länge: ca.38 km Nebenstrecken ca. 12km
Ausgangspunkt: Parkplatz in Holzkirchen
Strecke: gute Straßenverhältnisse, weites gehend ab von Hauptstraßen
Steigungen: geringe Höhenunterschiede

1 Die Steindl-Allee von Holzkirchen - Tour 5 MB

Geradezu wünschenswert wäre es, in den Gemeinden Bayerns wieder ein solches Natur- und Landschaftsverständnis zu entwickeln, wie es vor allem im 19. Jahrhundert vorhanden war. Trotz oder gerade wegen der voranschreitenden Industrialisierung entwickelten damals breite Bevölkerungsschichten ein eigenes Bedürfnis sich dem Garten und der Natur anzunehmen. Seien es die Schrebergartenbewegungen in der Arbeiterklasse oder die Obstbau- und Imkereivereine auf dem Land oder die Ortsverschönerungsvereine und die Alpenvereinsbewegung der bürgerlichen Schichten. Sie alle prägte die Auseinandersetzung mit der Natur sowohl aus dem nützlichen als auch aus der teilweise neuromantisch-verklärenden Naturbetrachtung. Gerade die Dorfverschönerungsvereine waren es, die sich der einfühlsamen Umgestaltung eines Ortsbildes annahmen. Akribisch wurde Platz für Platz abgegangen und aus verschiedenen Blickwinkeln betrachtet, welche Form der Verschönerung für den Standort stimmig sei. Eine Vielfalt an Alleezügen, Solitärbäumen, Brunnen, Sitzbänke, Spazierwegen und Aussichtspunkten wurden in dieser Zeit geschaffen und stets fanden sich wohlwollende Stifter, begeisterte Ideengeber und tatkräftige Mitgestalter.

Schullehrer Johann Nepomuk Steindl war gewiss auch so ein Naturbegeisterter dieser Zeit und wahrlich ein Pionier der Ortsverschönerung für Holzkirchen. 1878 kam er als Hauptlehrer nach Holzkirchen. Rasch lebte er sich ein. Er wurde Chorleiter der Liedertafel, Organist, Gemeindeschreiber und er liebte Bäume. Allen voran die Rosskastanie, die er als bald zur Gestaltung des Ortsbildes an zahlreichen Plätzen Holzkirchens pflanzte. Die meisten fielen dem Straßenbau der vergangenen Jahrzehente zum Opfer.
Eine herrliche Lindenalleen erinnert bis heute namentlich an das friedliche und einfühlsame Werk dieses Naturliebhabers. Ende des 19. Jahrhunderts pflanzte Steindl zusammen mit seinen Schülern die Allee hinaus zum Kogel. Sie ist vollständig erhalten geblieben und gehört gewiss zu den liebwürdigsten und zauberhaftesten Alleen von Oberbayern. Heute heißt sie „Steindl-Allee" und trägt den Namen ihres Begründers weiter.

2 Die Kapellenlinde in Thann - Tour 5 MB

Zwar ist sie weitaus älter, die Ulrichkapelle mit ihrem Ursprung im 16. Jahrhundert, doch an Höhe überragt die Linde ihre barockisierte Nachbarin. So bilden die Kapelle und Linde ein trautes Paar, bei dem die eine der anderen an Alter und Höhe niemals gleichkommen wird, dass kümmert die beiden allerdings wenig.

3 Die alte Hoflinde in Draxlham - Tour 5 MB

Am Hof des Limmer- Anwesens von Draxlham steht ein uralter Lindenbaum. Nach einer „Zündelei" der Dorfjugend in den 40iger Jahren brannte der hohle Baum vollständig aus. Der Stamm erholte sich wieder und beeindruckt mit seiner Knorrigkeit den Besucher.

Nur mehr wenige Bäume erinnern heute an die große Zeit der Dorflinden und ihre Symbolik der Rechtssprechung und der Versammlung. Jakob Grimm schrieb in der ersten Hälfte des 19. Jahrhunderts in seinen Rechtsaltertümern: „Noch jetzt trifft man in den meisten deutschen Dörfern, eine Linde auf einem Hügel, wohin der Grobe die Bauern versammelt". Die Gerichts- und Dorflinde waren der Mittelpunkt des Gemeinwesens. Sie waren die Hüterinnen des „iudicum sub tilia", des Gesetztes unter der Linde. Bis heute finden sich zahlreiche alte Rechtsurkunden mit der Bezeichnung „..gegeben unter der Linde" oder der lateinische Begriff „sub tilia". Auch die alte Linde von Warngau war einst ein solcher gerichtlicher Versammlungsort.

Warngau und Tegernsee sind geschichtlich untrennbar miteinanderverwoben. Fast möchte man sagen, Warngau war ursprünglich der weltliche Teil der geistigen Welt des Benediktinerklosters Tegernsee. Vielleicht ging sogar die Klostergründung von diesem Ort aus, wer weiß?

Sicher ist jedenfalls, dass Warngau einst der Ort der Rechtsprechung für das Tegernseer Tal war. In einer Urkunde Kaiser Friedrichs I. Barbarossa aus dem Jahre 1163 geht hervor: „.....Wenn einer der Dienstleute dem Abt ungehorsam ist und dessen Gnade verliert, dann soll er – wenn der Abt ihn anklagt – vor dem Vogt zu Warngau in dem Haus, das „Dinchus" genannt wird, Rede und Antwort stehen....". Das „Dinchus" bezieht sich von der Wortbedeutung auf die althochdeutsche Bezeichnung für die Gerichtsversammlung des „Thing" oder „Ding" (siehe der „Freibaum" in Kammerloh Route 2). Einmal jährlich sprach der Klostervogt in Warngau Recht über Schenkungen, Kauf- und Tauschgeschäfte, Leibeigenschaften und andere Streitigkeiten, die seit dem 11. Jahrhundert innerhalb des Tegernseer Traditionsbuchs aufgezeichnet wurden.

Auch Kaiser Heinrichs VI bestätigte 1193 Warngau als Ort der Rechtsprechung: „.....Kündigt ein Ministeriale dem Abt den Gehorsam auf, hat er sich in Warngau dem Gericht zu stellen. Dort werden auch die Lehensstreitigkeiten ausgetragen ...."

Ende des 13. Jahrhunderts war die Zeit der klösterlichen Gerichtsversammlungen in Warngau zu Ende. Darüber vermerkt die Pfarrbeschreibung Oberwarngaus: „...das Gericht auf öffentlicher Schranen mit dem Scepter in der Handt gehalten, welches solang observiert und bewerkhstelliget worden, bis....die Schuzadvocaty dess Closters von den römischen Kaysern an die Herzögen aus Bayrn khommen..." Von nun an war die Vogtei Warngau auf die bayerischen Herzöge übergegangen und das „Amt Warngau" gehörte zum Landgericht Wolfratshausen.

Dem Kloster Tegernsee gewährte 1321 Kaiser Ludwig der Baier schließlich die niedere Gerichtsbarkeit. Diese beinhaltete die Rechtsprechung bei allen straf- und zivilrechtlichen Angelegenheiten, sowie die Regelung der Grund- und Bodenstreitigkeiten. Als Strafmaß ausgeschlossen war innerhalb der niederen Gerichtsbarkeit die Verhängung der Todesstrafe.

Das rote Kreuz der Gerichtsbarkeit im Gemeindewappen und die alte Gerichtslinde geben heute noch Zeugnis von der einstigen Bedeutung Warngaus als Gerichtsstätte. Auch wenn die Rechtsprechung, die der Klosterrichter „im Namen des Abtes" vollzog, später in die Amtsstuben verlegt wurde und 1803 mit der Auflösung des Klosters ganz wegfiel, so blieb die Linde dennoch Mittelpunkt des Oberwarngauer Gemeinwesens. Im 19.Jahrhundert wurden dort noch die Bekanntmachungen verlesen bis schließlich eine Anschlagtafel neben ihr aufgestellt wurde. Aber vor allem bekam der Baum auch ein heiteres Gesicht. Die Dorfjugend erkor den Platz im Sommer als Treffpunkt an Sonn- und Feiertagen aus. Musikanten stiegen in die schüttere Krone der Linde und auf den Ästen sitzend wurde dann aufgespielt zum Tanz unter der Linden.

Die alte Linde steht bereits seit 1938 unter Naturschutz. Umsichtig schaut heute das Ehepaar Bichler darauf, dass es „Ihr“ gut geht. Im Sommer wird gewässert und sofort an das Landratsamt gemeldet, sofern der Baum an Wurzel, Stamm und Krone Schwächen zeigt. Wohlwollend dankt es die Linde alljährlich mit neuem Austrieb im Frühling und betörenden Blütenduft mit Bienengesumm im Sommer.

5 Die alte Kapellenlinde von Schmidham - Tour 5 MB

Die Pest hatten sie glimpflich überstanden, „nur“ 8 Tote hatte das Dorf Schmiedham zu beklagen. Aus Dank dafür errichteten sie diese Kapelle. „Von ainer gesambten Nachbarschafft allhie zu schmidthaimb mit beyhilff anderer fromen Christen“ zeugt die Votivtafel über dem Eingang. Am 21. Juli 1636 wurde die Kapelle feierlich zu Ehren der Muttergottes, sowie der Heiligen Sebastian und Rochus, dem sogenannten Pestheiligen geweiht. Bischof Veit Adam von Freising vollzog die Weihe und auch Valentin Steyrer, der Lindenpflanzende Propst aus Weyarn (siehe Route 4 – „Das Weyarner Lindl“) war zugegen.
Vielleicht wurde auch diese Linde im Rahmen der Feierlichkeiten gepflanzt. Sie gehört jedenfalls zu Schmidham oder sollte man besser sagen Schmidham zu ihr.

Baumkronen über „Darchings Dächer“

An die 1000 Jahre sind sie alt „Die Drei Darchings“, Ober-, Mitter- und Unterdarching. Gut die halbe Zeit davon gehörten sie zum Kloster Ebersberg. So manches „Ebersberger Holz“ zeugt heute noch als Waldflurname von den einstigen Besitzverhältnissen. Wer die Orte zukünftig nicht mehr verwechseln will, dem helfen vielleicht folgende einprägsamen „Orientierungsbäume“.

6 Die alte Linde zum Bräu in Oberdarching - Tour 5 MB

„Zum Bräu“ von Oberdarching steht eine wunderschöne alte Linde mit einem Wegkreuz davor. Auch sonst ist die Gastwirtschaft von schönen Bäumen, vorwiegend alten Eichen umsäumt.

7 Die alte Linde beim Jaud in Mitterdarching - Tour 5 MB

Wirklich ein mächtiger Hausbaum ist die zweistämmige Sommerlinde beim Jaud – Anwesen von Mitterdarching

8 Die alten Linden beim Pammer und beim Epp in Unterdarching - Tour 5 MB

Immer wieder beeindruckend ist die unermüdliche Lebenskraft einer Linde. Ein Aufbäumen im Vergehen zeigt uns die alte Linde beim Pammer in Unterdarching.
Beim Epp-Anwesen steht eine uralte Hoflinde. Aus der oberen hohlen Krone wurzelt ein Holunder. „Lind und Hold“ wohl vereint, könnte es hier heißen.

9 Die alte Kirchenlinde von Unterdarching - Tour 5 MB

Ein wunderschönes Ensemble bildet die Unterdarchinger Kirche und der alte Lindenbaum. Erbaut wurde die Kirche 1505. Vielleicht stammt die Linde aus der Zeit der Kirchenerweiterung und Barockisierung von 1726. Vielleicht war sie aber auch schon da, als Pfarrvikar Haspieder 1705 in der Kirche die Fahne weihte, die bei dem verzweifelten Befreiungskampf der Oberlandler Bauern in München wehte. Dieser endete schließlich in dem Blutbad der Sendlinger Mordweihnacht. „Die Fahne Weiß-Blau, deckt als Bahrtuch den letzten Oberlandler zu“ heißt es seither in einem Volkslied der Region.

10 Die Lindenallee von Valley - Tour 5 MB und das Wirken eines Baumfreundes

An der Volksschule Valley vorbei führt ein schmaler Feldweg direkt zu einer mächtigen alten Feldlinde. Von hier aus sieht man eine junge Lindenallee, die einladend den Weg nach Valley weist.

Dank des unermüdlichen Einsatzes von Volker Herden wurde sie angelegt, der sich seit 29 Jahren für den Erhalt von Bäumen und des Landschaftsbildes im Landkreis Miesbach einsetzt. Als Fachreferent der Unteren Naturschutzbehörde des Landratsamtes Miesbach sind auf seinen Einsatz hin zahlreiche ehrwürdige Bäume vor einer Fällung bewahrt und saniert worden. Vor allem bezeichnend sind für ihn die unzähligen Nachpflanzungen junger Bäume. Die bezaubernden Lindenalleen nach Wilparting und Valley oder die Aktion „Grünes Feldkreuz“ bei der neben so manches einsame Flurdenkmal (Feldkapellen, Bildstöcke, Wegkreuze usw.) wieder ein Baum gepflanzt wurde. Seit November 2005 ist der Natur- und Baumfreund Volker Herden in Pension und setzt sich nun ehrenamtlich als Naturschutzbeauftragter für den Landkreis Miesbach ein.

Kriegswirren, Hunger, Abenteuerlust, verlockende Angebote der Anwerber, Plünderungen und ungewollte Requirierungen durch die französische Besatzung – die Beweggründe der zahlreichen pfälzischen Auswanderer vor 200 Jahren waren gewiss vielschichtig. Vorwiegend im heutigen Oberbayern wurden sie angesiedelt. Wildnis und Brachland fanden diese Pioniere vor und mussten erstmals den ihnen zugewiesenen Raum selbst urbar machen. So kam es, dass die Moore bei Rosenheim, Schleißheim, Dachau und Neuburg von Pfälzern gerodet, entwässert und kultiviert wurden.
Auch Kleinkarolinenfeld hat seinen Ursprung in der pfälzischen Kolonistenbewegung. Am 07. August 1802 kamen die ersten Siedler aus Weidental (Pfalz) und aus Bühl (Baden) hier an. Jeder bekam 10 Tagwerk Forstwiesen, darunter verstand man grob gerodete Parzellen, auf denen noch Buschwerk und loser Baumbestand vorhanden war. Es war also noch viel Fleiß nötig um das Land zu kultivieren. Den Namen erhielt die kleine Rodungsinsel mitten im Hofoldinger Forst, ebenso wie die große pfälzische „Siedlungsschwester" Großkarolinenfeld bei Rosenheim von Karoline Frederike Wilhelmine von Baden (1776 – 1841), Ehefrau des 1803 zum bayerischen König ernannten Max I. Joseph. „Steht dir die Not bis obenhin, so gehst du zu der Karolin!" sagte das Volk damals. Tatsächlich nahm Karolin die Sorgen und Nöte der Bevölkerung ernst und versuchte im Stillen und mit Diplomatie so manchen Ausgleich zu schaffen. Dennoch die Not der ersten Siedler drückte schwer, die Landwirtschaft warf zu wenig ab, Trinkwasserknappheit sorgte immer wieder für Probleme. Ohne die Tätigkeit als Forstarbeiter wäre keine Möglichkeit des Überlebens bestanden. Bis Mitte des 20. Jahrhunderts lebten die meisten Ansässigen sowohl von der Landwirtschaft als auch als Forstarbeiter.
Eine Ansiedlung mitten im Wald hat natürlich unter alle den zahlreichen, sie umgebenden Bäumen auch so manche herausragende „Baumpersönlichkeit" gehabt. Zwei davon fanden sogar Einzug in das beeindruckende „Baumarchiv" von Friedrich Stützer, der in seinem einmaligen Werk „Die größten, ältesten und sonst merkwürdigen Bäume Bayerns" diese Bäume in Wort und Bild darstellt.

11 Die „Holzmutter" im Hofoldinger Forst - Tour 5 MB

Im Kriegsjahr 1871 musste sie weichen die Riesenfichte nordwestlich von Kleinkarolinenfeld. Bei den Waldarbeitern wurde sie liebevoll „Hoizmuada" (Holzmutter) genannt. Gewaltige Ausmaße hatte sie. Den Raum, den die Krone mit ihren bis zum Boden hängenden Ästen bedeckte maß 8 Quadratmeter. In 4 Meter Höhe verzweigte sich der Stamm in vier Seitenäste. Der Umfang war 5 ½ Meter. 250 Jahre war sie und brachte nach der Fällung 36 Kubikmeter Holzertrag. Der Bahnangestellten und Baumphotograph Fr. Stützer, der vor 100 Jahren, unermüdliche auf der Suche nach interessanten Bäumen, das Königreich Bayern bereiste, schreibt über diesen Baum: „...Holzmutter hieß sie, denn eine Mutter war sie den Holzhauern so gut wie den Thieren des Waldes...... Bei Regen und Schneesturm flüchteten sich die Holzhauer auch aus weiteren Entfernungen unter die schützenden grünen Arme der Holzmutter, wobei sie meistens ein Rudel Hochwild versprengten oder einige Rehe, die alle den Baum und sein behagliches Zelt kannten. Als der umgebende Bestand der Axt verfallen war, schien es nicht rathsam, die von der Gabelungsstelle herab schon kernfaul gewordene

Fichte länger stehen zu lassen..... und so beschloß der damalige königliche Oberförster schweren Herzens ihren Tod. Wenn nun auch die Bewohner der Hochebene keineswegs sentimental veranlagt sind, so scheuten sich die Holzhauer doch, an ihre Mutter Hand anzulegen. Deshalb musste das Loos entscheiden, wer sie fällen sollte. Mit der gewöhnlichen Baumsäge war das nicht möglich; es wurde eine 3 Meter lange Nutzholzsäge aus der nahen Grubmühle entlehnt, ein Meter hohes Gerüst um den Stamm gebaut und in 2 Meter Höhe geschrotet und gesägt von Morgens 6 Uhr bis Nachmittags 2 Uhr – dann erst stürzte sie" .
Stützer berichtet weiter, dass die Waldarbeiter aus dem verbliebenen Stock eine „Naturwasserkufe" formten, dabei wurde der Stumpf ausgehöhlt und ausgebrannt. So entstand ein Regenwasserbassin von 1,6 Meter Höhe. Stützer schreibt dazu: „... In dieser prächtigen Badewanne badeten sich, wer eben Lust hatte – Kinder, Männlein oder Weiblein. So genau wurde es mit der Reinlichkeit nicht genommen, denn die Wasserkufe bot ringsum die einzige Gelegenheit zu einem Freibad ....."

12 Die Marieneiche im Hofoldinger Forst - Tour 5 MB

Sie ist gleichsam ein Symbol für den Baumbestand des einstigen Hofoldinger Forstes, der vorwiegend mit Buchen und Eichen durchsetzt war. Der Laubwald wich der Fichtenmonokultur.
„Marieneiche" wurde sie genannt. Zahllose Blitzschläge in ihrem Stamm hatten sie so sehr geschwächt, dass sie vor ca. 100 Jahren ihr Leben auslöschte. Dennoch die Menschen ließen sie Mitten unter all den jungen Fichten stehen.
Geradezu zum mütterlichen „Baumheiligtum" erhoben wurde sie gegen Ende des 19. Jahrhunderts. Darüber schreibt Fr. Stützter: „Im Jahre 1898 (*Anm. andere Angaben auch 1880*) erfolgte in einer künstlichen Nische die Aufstellung einer fast meterhohen Marien-Statue, die noch im gleichen Jahre unter zahlreicher Betheiligung der ausschließlich katholischen Bevölkerung geweiht wurde. Seitdem ist sie als „Marien-Eiche" der Anziehungspunkt für viele Andächtige, denn im Sommer wird fast allsommerlich eine Vesper bei ihr abgehalten. Als eine Art Waldkapelle birgt die Eiche hinter dem, ihren Stamm auf einer Seite umschließenden Gitter, viele fromme Spenden, wie geweihte Kerzen, Blumen und Bilder, die durch ein baldachinartig vorspringendes Dach gegen Wetter geschützt sind. Bis hoch hinauf sind ihre alten dürren Äste samt dem Stamme mit grünen Mooskränzen und Gewinden behangen und dazwischen hindurch schmiegt sich das lebensfrische Grün einer jungen Buche, wölben sich die rings empor ragenden Nadelbäume zum natürlichen Dome über dem alten Eichenstamme. Ein geweihtes Heiligthum inmitten des Waldes ist derselbe inzwischen Vielen geworden, die, erbaut durch ihr Gebet und gestärkt durch des Waldes frisches Wehen die Gewähr bieten, dass der interessante Baum mit der Lourdes-Grotte im Herzen auch späteren Geschlechtern erhalten bleibt".

Dieser Herzenswunsch erfüllte sich leider nicht. Unwetter schädigten den dürren Kronenraum und schon wenige Jahre später war sie nicht mehr die „Marien-Eiche". Darüber schreibt der Apotheker und Baumphotograph E. Meisner (siehe Erinnerung an einen Baumphotograph in „Von Baum und zu Baum" durch

den Landkreis Rosenheim): „.....Heute ist die Eiche nur mehr unter dem Namen „Mariengrotte" bei der Bevölkerung bekannt und bildet einen religiösen Anziehungspunkt kath. Gläubiger aus Nah und Fern. Der Umfang des übriggebliebenen Stammes misst 4,5 Meter. Ihr Alter wird auf 300–400 Jahre geschätzt. Wie mir bekannt wurde, musste die Eiche bis auf 4m abgesägt werden, da sie fast ganz Kernfaul war und ein Ast beim Sturz eine Frau aus Grub beinahe erschlagen hätte".
Auch heute noch bietet die Mariengrotte vor dem alten Eichenstumpf einen feierlichen Rahmen für so manche Andacht im Mai und im Advent für die Bevölkerung der näheren Region.

Der Lindenort Otterfing

Was wäre das Ortsbild Otterfings und seiner benachbarten Ortsteile ohne seine ehrwürdigen Bäume. Wie Wolken wölbt sich im Sommer ihr Kronenraum über die Dächer der Häuser. Zu Recht wird Otterfing als Baumfreundlichste Gemeinde des Landkreises Miesbach bezeichnet. Dank des unermüdlichen und umsichtigen Einsatzes der Ortsgruppe des Naturschutzbundes, Pflanzaktionen durch den Gartenbauverein und der Aufgeschlossenheit und dem Bewusstsein für Bäume in der Gemeinde, konnten in Otterfing in den vergangenen Jahren zahlreiche Bäume erhalten werden. Alljährlich wird ein Baum des Jahres aus dem Gemeindegebiet gekürt und dem jeweiligen Eigentümer eine Urkunde mit Vierjahreszeitenphotos des prämierten Baumes überreicht.

13 Die Linden vom Lindmaierhof - Tour 5 MB

Von Osten her kommend wird man schon freundlichst begrüßt von den alten Linden des Lindmaierhofes. Ihrem Namen alle Ehre machten die Hofgründer, als sie mit der Hofaussiedlung 1861 die Linden entlang der Straße pflanzten. Später kam noch eine Hofkapelle (1907) und ein Wegkreuz hinzu. Auch diese sind mit Linden umsäumt und heißen die Besucher der Familie Hellwasser willkommen.

14 Die alte Kirchenlinde - Tour 5 MB

In den Relikten der Ursiedlung der Rodungsinsel Otterfing wurzelt die alte Kirchenlinde von Otterfing. 1000jährig wie die Erstnennung des Ortes ist sie zwar nicht, doch hat sie schon so manchen Wandel des Ortsbildes um sie herum erlebt. Einst war sie umgeben von den ältesten Bauernhäusern Otterfings, heute bildet sie mit einigen jungen Linden eine kleine grüne Insel, die zum ausruhen einlädt. Eine ihrer benachbarten Schwestern wurde 1983 durch den örtlichen Gartenbauverein zur Erinnerung an die „Internationale Gartenschau" in München gepflanzt.

15 Die alten Dorfbäume - Tour 5 MB

Auf den alten Bilden wird sie noch als Dorflinde bezeichnet. Damals ging es lustig zu unter ihrem kühlen Schatten, denn sie war thronender Mittelpunkt des Wirtsgartens. „Beim Schuster", an dem sich die

Ortszugangsstraßen kreuzen, war damals für alle Vorüberziehenden eine willkommene Ausrast geboten. Heute ist dies eher ein Fluchtpunkt vor dem unaufhörlichen Verkehr. Doch der Lindenbaum ist den Eigentümern bis heute ans Herz gewachsen und wird von diesen umsichtig und liebevoll umsorgt. Im Jahr 2002 war die Linde Baum des Jahres von Otterfing.

Gegenüber der Kreuzung erhebt sich ein weiterer Dorfmittelpunktsbaum. Die große Kastanie der Familie Schlickenrieder war 2001 der Jahresbaum.

16 Die alten Hausbäume - Tour 5 MB

Zu hoch, zu nah, zu viel Laub und zu viel Schatten - die Bäume sind zum Problem in unseren dicht besiedelten Wohnflächen geworden. Da tut es wohl, wenn man auf Menschen trifft, die bei der Grundstückssuche zum Hausbauen einen Standort gerade wegen einem alten Baum wählen. So auch die Familie Reichel. „Liebe auf den ersten Blick" war es, als sie den Ort mit der Linde sahen. So wohnen die Reichels mit „ihrer Linde" nun schon über 30 Jahre zusammen und Baum und Mensch freuen sich aneinander. Ebenso verbunden mit „ihren Bäumen" ist die Familie Stiglbauer mit den beiden beeindruckenden Hauslinden. Sie wurden 2004 zum Jahresbaum gekürt.

17 Die alte „Musi" - Linde - Tour 5 MB

Mehrstämmig ragen sie heraus die Seitenäste der alten Linde an der Weggabelung nach Palnkam und Steingau. Bis in die zwanziger Jahre war zwischen ihren Ästen eine kleine Tribüne eingebaut, in der sich bei lauen Sommerabenden einige Musiker der Ortskapelle trafen, um in luftiglinder Höhe zum „Standkonzert" aufzuspielen.

18 Die Kapellenlinden von Wettlkam - Tour 5 MB

Wie Pförtnerinnen in eine andere Welt stehen sie da, die alten Kapellenlinden von Wettlkam. Mit der Errichtung der St. Leonhardkapelle gepflanzt, bilden sie seit über 100 Jahren eine Einheit und nehmen ihre Kapelle behutsam in ihre Mitte.

19 Die Kapellenlinden von Palnkam - Tour 5 MB

Vielleicht stammen sie aus der Zeit der Kapellengründung von 1701. Damals stiftete der Landwirt Georg Killer aus Palnkam diese barocke Kapelle. Schon mehrmals wurde sie renoviert. Heute gilt der Ort als Treffpunkt für so manchen Bittgang der Otterfinger.

20 Die alten Eichen - Tour 5 MB

Wie alt mögen sie sein, die alten Eichen in Otterfing und bei Palnkam. 500 Jahre wachsen sie und 500 Jahre sterben sie, so heißt es über das Eichenleben. Demnach werden sie hoffentlich noch Generationen von Vorüberziehenden begrüßen dürfen.

21 Die alte Linde von Roggersdorf - Tour 5 MB

Um eines solchen alten Lindenbaumes Willen, lohnt sich ein kleiner Umweg gewiss. Die Linde vom Kurzenberger - Anwesen hat die Geschichte des Hofes so manches Jahrhundert schon mitbegleitet. Uralt ist sie, vom Blitzschlag gespalten war sie, eine Muttergottesfigur wurde damals zwischen den Riß hineingestellt. Mittlerweile ist sie wieder verwachsen, denn stetig wirkt die unermüdliche Lebenskraft der Linden. Das Kruzifix an ihrem Stamm wurde 1957 ein Jahr nach dem schweren Hagelunwetter aufgestellt.

22 Die Kapellenlinde bei Heignkam - Tour 5 MB

Der Ursprung der Kapelle ist Mitte des 18. Jahrhunderts. So alt ist sie gewiss noch nicht. Doch ist anzunehmen, dass die Linde mit der abgeschlossenen Kapellenrenovierung 1907 gepflanzt wurde.

23 Die Kapellenlinden bei Föching - Tour 5 MB

Ein schmaler Pfad führt hinter der ehemaligen Wallfahrtskirche von Föching zu einer schlichten Kapelle hinauf. Gleichsam wie auf einer vergessenen Insel wirkt sie dort oben, umbraust von hektischem Getriebe der nahegelegenen Autobahn und ihrer Zubringerstraßen, sowie der Bahnlinie und der Landstraße unterhalb.
Symbolisch passt sie gut dorthin, denn aus einem Gelübde eines Wandernden wurde sie errichtet. Simon Raisgruber hieß er und befand sich gerade auf dem Heimmarsch von Höhenkirchen nach Föching, als er in einem Waldstück derartig unglücklich stürzte, dass er nicht mehr auf konnte. Schwer verletzt gelobte er ein Kreuz zu stiften, wenn er überleben würde. Wie durch ein Wunder spürte er die Lebensgeister wieder in sich einkehren und er schleppte sich nach Hause. Sein Gelöbnis nahm er ernst und fragte nach seiner Genesung, alle zustimmungspflichtigen Personen, ob er ein Wegkreuz an diesem Wunderort aufstellen dürfe. Doch mit seinem Anliegen stieß er überall auf Zurückhaltung, da die Unglücksstelle mitten in der Flur stand und die Anlage eines eigenen Weges erfordert hätte. Die Höhenkirchner Bauern, der Pfleger von Valley und schließlich der Propst von Weyarn lehnten ab. Letzterer verwies ihn allerdings auf den Expositus von Föching, also den eingesetzten Chorherrn für die Wallfahrtskirche von Föching. Dieser wusste auch gleich schon eine interessante Stelle, an der das Versprechen eingelöst werden konnte. Unter der Vermittlung des Expositus erlaubte der Eigentümer des Kirchmayer – Anwesens, dass Simon Raisgruber nun sogar eine Kapelle auf seinen Grund oberhalb der Kirche errichten darf. Der Überlieferung nach pflanzte Raisgruber mit der Kapelleneinweihung 1747 drei Lindenbäumchen. Eine davon ist heute ein imposanter Lindenstumpf, der jedes Jahr den Besucher mit seiner ungebrochenen Vitalität überrascht.

Schlusswort

Bei all den schönen schwärmerischen Worten über Bäume, die uns Menschen bis heute über die Lippen kommen, scheint unsere Beziehung zu ihnen noch nie so gestört gewesen zu sein wie in der Gegenwart. War der Baum als Gerichtsbaum einst Anlaufspunkt zum Schlichten, so stellt er heute den Anstoß des Streites selbst dar. Zu hoch, zu nah, zu viel Laub und zu viel Schatten - die Bäume sind zum Problem in unseren dicht besiedelten Wohnflächen geworden. Mit dem Ausbau des Straßennetzes mussten in den vergangenen Jahrzehnten unzählige, ehrwürdige Bäume und ganze Alleenzüge ihr Leben lassen. Das Ausmaß dieser Fällungen kann als ein Gradmesser des hektischen Tempos und der Naturentfremdung unserer Zeit gesehen werden. Schon jetzt kann die junge Generation die einzelnen Autotypen besser auseinander halten, als unsere heimischen Baumarten.

Jeder Baum ist ein Abbild des Friedens und ein Sinnbild des Beständigen. Ein Bewahrer von Raum und Zeit. Vielleicht passt er deshalb so wenig in unseren heutigen „Zeitgeist" der bestimmt ist von gehetzten Ortswechseln und Zeitmangel.
Vielleicht können wir aber auch seine Gegenwart unbewusst nicht mehr ertragen, weil er uns an Größe und Alter überragt.
Im Laufe eines Baumlebens ist ein Menschendasein nur eine Episode!

Wer heute einen Baum pflanzt denkt für Enkel und Urenkel und nicht für sein Auskommen im Hier und Jetzt. Bäume zu pflanzen heißt für eine Zeit nach uns zu sorgen. Ein solches Handeln setzt ein Bewusstsein voraus, dass über das eigene Leben und Sterben hinaus geht. Beim Flanieren durch einen ehrwürdigen Park, dem Schreiten durch eine alte Allee oder dem Verweilen an dem hohlen Stamm einer uralten Linde kann uns Menschen dieses Gefühl der Zeitlosigkeit, aber auch einer innigen Verbundenheit mit dem Alten erreichen.

In diesem Sinne versteht sich „Von Baum zu Baum" nicht nur als Anstoß Bäume zu besuchen, sondern auch selbst Bäume zu pflanzen!

Danksagung

Einen besonderen Dank an Volker Herden, dem Naturschutzbeauftragten für den Landkreis Miesbach, der mir mit Rat und Tat stets weiterhalf. Der Landkreis Meisbach hätte gewiss ein „baumloseres" Landschaftsbild ohne seinen Jahrzehnte langen umsichtigen Einsatz für Bäume, Hecken und Alleen. Viele Landkreise Bayerns bräuchten einen solchen „Baumfreund"!
Herzlichen Dank an alle Vorstände der örtlichen Gartenbauvereine, sowie an die jeweiligen Ortsheimatpfleger, allen voran Josef Hatzl aus Bruck und Klaus Strigl aus Miesbach. Ohne deren profunde Kenntnis von Land und Leuten der Region wäre ich bei meinen Recherchen manchmal ganz schön „im Wald gestanden".
Vielen Dank an alle, die mir halfen so manche „verschüttete" Baumgeschichte wieder ausfindig zu machen und zu bergen. Durch die Erzählungen fühlte ich mich stets bereichert.
Schließlich einen liebsten Dank an alle Ratgeber und Freunde!

Einleitung
Spruch von Bernard von Clairveaux in: Brosse, J.: Mythologie der Bäume, Walter-Verlag, Solothurn / Düsseldorf, 1990

Tour I
Die Dorflinde von Hundham
Priller, M.: Mündl. erhalten, Wörnsmühl-Eben
Gedicht von I.Seidl: aus Jahrblatt des Naturschutzbundes zur Linde, 1993
„Allerlei Holz- und Baumgeschichten“ um den Rohnberg
Schmeller, A.: Bayerisches Wörterbuch, Oldenbourgh Verlag, München, 1985
Brunhuber, J.: Chronik des oberen Leitzachtales, Freitag Druck, München, 1928
Lechner, L.: Das Leitzachtal – ein Heimatbuch, Leitzachtalverein, Elbach, 1927
Gschwendner, K.: Mündl. erhalten, Litzlau
Der „kopflose Baumschimmel“ von Deisenried
Lechner, L.: Das Leitzachtal – ein Heimatbuch, Leitzachtalverein, Elbach, 1927
Der sagenumwobene Baum beim Schnitzenbaumer / Hocheck
Brunhuber, J.: Chronik des oberen Leitzachtales, Freitag Druck, München, 1928
Weinzierl, P.: Mündl. erhalten, Schnitzbaum
Die Waldverwüstung am Auerberg
Brunhuber, J.: Chronik des oberen Leitzachtales, Freitag Druck, München, 1928
Die hohe Tanne
Lechner, L.: Das Leitzachtal – ein Heimatbuch, Leitzachtalverein, Elbach, 1927
Die alte Linde am Stadlberg
Willert, E.: Mündl. erhalten, Gunetsberg
Miesbach – ein historischer Streifzug, Fuchs Druck, Hausham, 1983
Die „Frauenbam“ beim Michlbauern in Alt-Hausham
Stadler, R.: Mündl. erhalten, Althausham
Schmotz, E.: Mündl. erhalten, Althausham
Die alte Linde am Weinberg
Schliersee – Eine Chronik zum Jubiläum, Fuchs Druck, Hausham, 1978
Ammann, A.: Schliersee und sein Bauerntheater, Verlagsanstalt Bayerland, Dachau
Der Hochzeitsbaum beim Keller in Fischhausen
Röpfl, L.: Mündl. erhalten, Fischhausen
Die alte Linde von St. Leonhard
Röpfl, L.: Mündl. erhalten, Fischhausen
Schliersee – Eine Chronik zum Jubiläum, Fuchs Druck, Hausham, 1978
Die alte Hoflinde im Josefstal beim Webersimer
Wichtlhuber, M.: Mündl. erhalten, Neuhaus
Hofchronik vom Webersimer - Hof
Schliersee – Eine Chronik zum Jubiläum, Fuchs Druck, Hausham, 1978
Von „Lindwürmern“ und der „Einsiedlerlinde“ in Bayrischzell
Meindl, M.: Bayrischzell, Mayer-Verlag, Miesbach, 1963
Reichold, OSB A.: Chronik von Scheyern, A.H. Konrad Verlag, Weißenhorn, 1998
Einmayer, M.: Inntaler Sagen, Oberaudorf 1988
Gebhardt, Harald und Ludwig, Mario: Von Drachen, Yetis und Vampiren – Fabeltieren auf der Spur, BLV-Verlag, München, 2005
Die König-Max II. – Linde in Bayrischzell
Meindl, M.: Bayrischzell, Mayer-Verlag, Miesbach, 1963
Die Faulhaberlinde in Bayrischzell
Meindl, M.: Bayrischzell, Mayer-Verlag, Miesbach, 1963
Die Korbinianslinde in Bayrischzell
Meindl, M.: Bayrischzell, Mayer-Verlag, Miesbach, 1963
Der alte Bergahorn in Bayrischzell
Register der Naturschutzdenkmale des Landkreises Miesbach
Meindl, M.: Bayrischzell, Mayer-Verlag, Miesbach, 1963
Die Linde der Schulschwestern in Birkenstein
Mayr, Sr. M.E.: Mündl. erhalten, Birkenstein
Demmel, F.: Birkenstein, Kunstverlag Peda, Passau, 2005
Die Legende von Birkenstein
Brunhuber, J.: Chronik des oberen Leitzachtales, Freitag Druck, München, 1928
Demmel, F.: Birkenstein, Kunstverlag Peda, Passau, 2005
Der Bischofsbaum beim Salmer
Götz, R.: Die Firm- und Kirchweihereise des Freisinger Fürstbischof, Schnell und Stein Verlag, Regensburg, 2001
Götz, R.: Kirschgeist und Trompetenschall, Schnell und Stein Verlag, Regensburg, 2002
Die alte Wetterfichte am Breitenstein und der Gattern im Baum
Wagner, L.: Fischbachau in alten Ansichten, Europäische Bibliothek, Zaltbommel/Niederlande, 1984
Lechner, L.: Das Leitzachtal – ein Heimatbuch, Leitzachtalverein, Elbach, 1927

Die alte Dorflinde von Elbach
Wagner, L.: Fischbachau in alten Ansichten, Europäische Bibliothek, Zaltbommel/Niederlande, 1984
Brunhuber, J.: Chronik des oberen Leitzachtales, Freitag Druck, München, 1928

Tour 2
Der Gedenkbaum auf dem großen Paraplui in Tegernsee
Götz, R.; Schimeta, E.: Das königliche Tal, Fuchs-Druck, Hausham, 2005
Der Marianische Wunderbaum in Egern
Götz, R.: Mündl. erhalten, Tegernsee
Pater Alphonsus Hueber: Marianischer Wunderbaum aus dem „Mirakelbuch von St. Laurentius in Egern", 1648 - 1713
Die Verfassungslinde und der Freiheitsbaum von Egern
Bosl, Prof. Dr. K.: Bayerns Weg zum modernen Staat aus Stimme der Pfalz, Zeitschrift für Politik, Kultur und Wirtschaft, Heft 2, 1986
Historia monasterii: Tagebuch des Abtes Gregor Rottenkolber über die Quartierkasten des Klosters Tegernsee im Jahr 1800
Die Wittgenstein-Allee in Rottach-Egern
Wedekind, F.: Mündl. erhalten, Rottach
Beck, F.: Mündl. Erhalten, Rottach
Walderlebnispfad und der Keltische Baumkreis
Herden, V.: Mündl. erhalten, Miesbach
Der Ahornstumpf bei Scharling
Stützer, Fr. : Die größten, ältesten und sonst merkwürdigen Bäume Bayerns, Piloty & Löhle Kunst- und Verlagsanstalt, 1900
Der „Wunderbaum" am Guggenauer Köpfl
Fischhaber, J.: Mündl. erhalten, Kreuth
Menara, H.: „Südtiroler Naturwunder", Altheria-Verlag, Bozen
Forstdienstkarte, 1850, Gemeindebereich Kreuth
Der Laml von Reichersbeuern und die rettende Tanne am Leonhardstein
Mohr, S.: Tegernseer Sagen, Fuchs-Druck, Hausham, 1985
Die alten Linden von Kaltenbrunn
Kratzsch, K.: Landkreis Miesbach, Schnell&Steiner, Mündehn, 1986
Markante Uferbäume und der Seeuferlehrpfad von Gmund
Herden, V.: Mündl. erhalten, Miesbach
Der „Freibaum" in Kammerloh
Lindinger, I.: Mündl. erhalten, Waakirchen
Obermayr, J.: Die Pfarrei Gmund am Tegernsee, F.P. Datlerer, Freising, 1868
Mannhardt,W.: Der Baumkultus der Germanen und ihrer Nachbarstämme, 1875
Brosse, J.: Mythologie der Bäume, Walter-Verlag, Solothurn / Düsseldorf, 1990
Bernatzky, A.: Baum und Mensch, Verlag Waldemar Kramer, Frankfurt / Main, 1973
Laudert, D.: Mythos Baum, BLV Verlagsgesellschaft, München, 1998
Beuchert, M.: Symbolik der Pflanzen, Insel Verlag, Frankfurt am Main, 1994
Die alte Dorflinde von Festenbach
Lix, A.: Mündl. erhalten, Festenbach
Die Friedenseiche von Gmund
Eisenburg, B.: Mündl. erhalten, Gmund

Tour 3
Die Wallenburg-Allee
Miesbach – ein historischer Streifzug, Fuchs Druck, Hausham, 1983
Aufzeichnungen des Ignatz Joseph von Obernberg, 1785
Kartz v. Kameke: Mündl. erhalten, Wallenburg
Die alte Eiche und der Lindenbiergarten in Kleinpienzenau
Steininger, K.: Mündl. erhalten, Kleinpienzenau
Die Siedlungsbäume in Unterthalham
Hatzl, J.: Thalham – Aufstieg und Niedergang eines Dorfes, gesammelte Unterlagen, Bruck, Stand 2005
Die Luitpoldlinde von Gotzing
Hatzl, J.: Mündl. erhalten, Bruck
Die alte „Baderer– Linde"
Grabmeier, M.: Häuserchronik der Gemeinde Weyarn und Umgebung, Weyarn, 2005
Forstamt Gotzing: Mündl. erhalten, Kilian
Zauberhafte Baumlandschaft am Fuße des Taubenberges
Kloiber, A.: Mündl. erhalten, Neuhaus
Die „Friedenslinde" 1870/71 von Wall
Kloiber, M.: Mündl. erhalten, Wall
Die Pfarrhofeiche von Wall
Schliersmayer, B.: Mündl. erhalten, Wall
„Abschied von meinem Freund"
Fitz, C.: Herzenswärmer, Socio-Medico, Verlag & Agentur, Wessobrunn, 2005
Der Müller am Baum
Wessinger, A.: Die Ortsnamen des k.b. Bezirksamtes Miesbach, Literarisch-artistische Anstalt, München, 1887

Weingand, B.; Kloiber, M.: Wall- Die Geschichte eines Dorfes in Oberbayern, Wall, 1999
Die große Linde beim Bucher
Strigl, K.: Mündl. erhalten, Miesbach
Miesbach – ein historischer Streifzug, Fuchs Druck, Hausham, 1983
Die alte Kapellenlinde von Baumgarten
Strigl, K.: Mündl. erhalten, Miesbach
Der Grenzahorn am Birknerfeld
Brandmaier, E.: Mündl. erhalten, Hausham
Miesbach – ein historischer Streifzug, Fuchs Druck, Hausham, 1983
Die alte Buche am Haberer Stadl / Miesbach
Miesbach – ein historischer Streifzug, Fuchs Druck, Hausham, 1983
Schieder, E.: Das Haberfeldtreiben, Kommissionsverlag UNI-Druck, München, 1983
Stöger, G.: Der Haberer Stadel, 1893 aus den gesammelten Schriften Stögers, Archiv der Stadt Miesbach
Schlierf, W.: Wenn d´Haberer treib´n, Verlagsanstalt Bayerland, Dachau, 1995
Die alte Marienbuche in der Wies / Miesbach
Strigl, K.: Mündl. erhalten, Miesbach
Die „Seufzer - Allee" in der Straß / Miesbach
Baumgartner, S.: Mündl. erhalten, Miesbach
Brandmeier, H.: Mündl. erhalten, Miesbach
Miesbach – ein historischer Streifzug, Fuchs Druck, Hausham, 1983
Die „Jahn - Eiche" von Miesbach
Schmidt.: Mündl. erhalten, Miesbach
Festschrift des T.V. Miesbach 1863 e.V., 1988
Die „Marienbuche" bei Parsberg
Auracher, I.: Mündl. erhalten, Bergham
Heimbucher, M.: Die Wallfahrt Miesbach, G.Mayr, Verlag, 1883
Hobmayer, A.: Die Verehrung der schmerzhaften und wunderthätigen Gnadenmutter Maria in der Pfarrkirche zu Miesbach, Mayer Verlag, Miesbach, 1857

Tour 4
Das Weyarner Lindl
Festschrift zum hundertjährigen Bestehen des Lindl-Vereins, Selbstverlag, 1996
Meisner, E.: Aufzeichnungen eines Baumphotographen, Archiv, Heimatmuseum Bad Aibling, 1911
Holzinger, H.: Mündl. erhalten, Wattersdorf
Eimannsberger, J.: Schriftliche Aufzeichnungen, Weyarn
Artikel „Das Weyarner Lindl", Miesbacher Anzeiger, 1897
Die alte Linde in Fentbach
Grabmeier, M.: Häuserchronik der Gemeinde Weyarn und Umgebung, Weyarn, 2005
Stacheder, J.: Mündl. erhalten, Fentbach
Die Kapellenlinde in Sonderdilching
Lechner, L.: Das Leitzachtal – ein Heimatbuch, Leitzachtalverein, Elbach, 1927
Jenne, E.: Der Landkreis Miesbach meine Heimat in Bildern, Verlag Mensch und gedanke, Hessdorf, 1999
Kratzsch, K.: Denkmäler in Bayern – Landkreis Miesbach, Verlag schnell & Steiner, München, 1986
Die Lärche 1809 in Grub
Meisner, E.: Aufzeichnungen eines Baumphotographen, Archiv, Heimatmuseum Bad Aibling, 1911
Die Zwillingslinde in Grub
Huber, H.: Mündl. erhalten, Grub
Meisner, E.: Aufzeichnungen eines Baumphotographen, Archiv, Heimatmuseum Bad Aibling, 1911
Die Christuslinde in Grub
Meisner, E.: Aufzeichnungen eines Baumphotographen, Archiv, Heimatmuseum Bad Aibling, 1911
Die Linde beim Schindlerkreuz in Grub
Mayer, K.: Mündl. erhalten, Grub
Die alte Linde in Großhelfendorf
Meisner, E.: Aufzeichnungen eines Baumphotographen, Archiv, Heimatmuseum Bad Aibling, 1911
Emmer, H.: Mündl. erhalten, Kleinhelfendorf
Der heilige Emmeram in Kleinhelfendorf
Mass, J.: Zeugen des Glaubens, Don Bosco Verlag, München, 1974
Pfister, P.: Ihr Freunde Gottes allzu gleich, Don Bosco verlag, München, 2003
Babl, K.: Emmeram von Regensburg – Legende und Kult, Verlag M. Lassleben, Kallmünz, 1973
Chronik Aying, Buchendorfer Verlag, 1992
Emmer, H.: Mündl. erhalten, Kleinhelfendorf
Die alte Linde von Oberlaus
Kappelmayer, A.: Mündl. erhalten, Oberlaus
Nöhbauer, H.F.: Die Chronik Bayerns, Chronik-Verlag, Gütersloh / München,1994
Die Weidenbögen in Oberreit
Meisner, E.: Aufzeichnungen eines Baumphotographen, Archiv, Heimatmuseum Bad Aibling, 1911
Seidl, N.: Mündl. erhalten, Oberreit
Die alte Kapelleneiche von Altenburg
Seidl, N.: Mündl. erhalten, Oberreit
Die Luitpoldeiche von Feldkirchen
Homepage des Altertumsverein Feldkirchen-Westerham von 1871

www.feldkirchen-westerham.de/gestern
Schmitt, P.: Mündl. erhalten, Feldkirchen
Die alte Linde und die Lindenallee von Staudach
Homepage des Altertumsverein Feldkirchen-Westerham von 1871
www.feldkirchen-westerham.de/gestern
Aigner, K.: Mündl. erhalten, Feldkirchen
Erinnerungen einer Feldkirchner Baumliebhaberin und die „alte Tanne“ vom Oedbichl
Homepage des Altertumsverein Feldkirchen-Westerham von 1871
www.feldkirchen-westerham.de/gestern
Mareis, L.: Baum, Wald und Boten, Archiv, Historischer Verein Feldkirchen, 1960-63
Die Hochzeitsbäume von Feldkirchen
Aigner, K.: Mündl. erhalten, Feldkirchen
Die Waldirrwurzel von Naring
Lechner, L.: Das Leitzachtal – ein Heimatbuch, Leitzachtalverein, Elbach, 1927
Die große Linde von Arnhofen
Grabmeier, M.: Häuserchronik der Gemeinde Weyarn und Umgebung, Weyarn, 2005
Die „Breite Eiche“ beim Deßl
Meisner, E.: Aufzeichnungen eines Baumphotographen, Archiv, Heimatmuseum Bad Aibling, 1911
Stützer, Fr. : Die größten, ältesten und sonst merkwürdigen Bäume Bayerns, Piloty & Löhle Kunst- und Verlagsanstalt, 1900
Schaulis, M.: Chronik von Vagen, Selbstverlag, Vagen, 2005
Die König - Ludwig III. - Linde bei Großseeham
Höß, Q.: Mündl. erhalten, Irschenberg
Fink, E.: Mündl. erhalten, Seeham
Das Marterkreuz bei der Linde in Kleinsseham
Hatzl, J.: Mündl. erhalten, Bruck
Informationsbroschüre über die Marterl von Weyarn, Gemeinde Weyarn, 2005
Der Kreuzberg von Neukirchen
Hatzl, J.: Das Siegeskreuz, Aufsatz, Bruck/Weyarn, 2005
Die Pestlinde von Wattersdorf
Meisner, E.: Aufzeichnungen eines Baumphotographen, Archiv, Heimatmuseum Bad Aibling, 1911
Marbach, J.: Die Augustiner Chorherrn an der Mangfall, Eigenverlag Weyarn, 2002
Loose, H.: In Höhenrain zu Hause, Eigenverlag, 1994
Hatzl, J.; Klee, K.: Josef Brunnhubers Hofmark Holzolling 'Die Pest', Band 2 der Weyarner Chronikreihe, 2003

Tour 5
Die Steindl-Allee von Holzkirchen
Heimatchronik von Holzkirchen und Umgebung, Gemeinde Holzkirchen
Hampe, H.; Herl, O. und A.: Holzkirchen – Markt zwischen München und dem Gebirg
Engl, H.: Markt Ansichten, Selbstverlag, Holzkirchen, 1994
Die alte Hoflinde in Draxl
Burgmayer, L.: Mündl. erhalten, Draxl
Die alte Gerichtslinde in Oberwarngau
Mathäser, W.: Chronik von Tegernsee, Ehrenwirth Verlag, München, 1981
Holzfurtner, L.: Klostergericht Tegernsee
Monumenta Boica VI, Tegernseensia S. 174 – 180
Acht, P.: Die Traditionen des Klosters Tegernsee 1003 – 1242, München, 1952
Deutinger, M.: Beiträge zur Geschichte, Topographie und Statistik des Erzbistums München und Freising
Götz, R.: Manuskript zum Vortrag über die „Geschichte von Oberwarngau“
www.gemeinde -valley.de/Geschichte-Schlaglichter
Herden, V.: Die uralte Gerichtslinde von Oberwarngau – ein Spiegelbild der Geschichte der Gemeinde Warngau, Artikel, Miesbacher Anzeiger, 2005
Die alte Kapellenlinde von Schmidham
Gschwendtner, M.: Mündl. erhalten, Schmidham
Hofmann, J.: Schriftliche Aufzeichnungen, Mitterdarching
Die alten Linden beim Pammer und beim Epp in Unterdarching
Hilgenrainer, A.: Mündl. erhalten, Valley
www.gemeinde -valley.de/Geschichte-Schlaglichter
Hofmann, J.: Schriftliche Aufzeichnungen, Mitterdarching
Die Lindenallee von Valley und das Wirken eines Baumfreundes
Hartl, F.: Mündl. erhalten, Miesbach
Kleinkarolinenfeld - Eine Siedlung zwischen Bäumen
Köchl, M.: Kleinkarolinenfeld 1802 – 2002, Gemeinde Aying, 2002
Die „Holzmutter“ im Hofoldinger Forst
Stützer, Fr. : Die größten, ältesten und sonst merkwürdigen Bäume Bayerns, Piloty & Löhle Kunst- und Verlagsanstalt, 1900
Die Marieneiche im Hofoldinger Forst
Stützer, Fr. : Die größten, ältesten und sonst merkwürdigen Bäume Bayerns, Piloty & Löhle Kunst- und Verlagsanstalt, 1900
Meisner, E.: Aufzeichnungen eines Baumphotographen, Archiv, Heimatmuseum Bad Aibling, 1911
Der Lindenort Otterfing
Naturschutzbund Otterfing: Gesammelte Baumdenkmale von Otterfing

Die Linden vom Lindmaierhof / Otterfing
Bergäntzle, E.: Mündl. erhalten, Otterfing
Otterfing – Heimatbuch Band I, Gemeinde Otterfing, 2005
Die alte Kirchenlinde von Otterfing
Otterfing – Heimatbuch Band I, Gemeinde Otterfing, 2005
Moser, E.: Ein oberbayerisches Bauerndorf im Holzlande, Heimatbücher-Verlag Müller & Königer, München, 1925
Bergäntzle, E.: Mündl. erhalten, Otterfing
Die alten Dorfbäume in Otterfing
Moser, E.: Ein oberbayerisches Bauerndorf im Holzlande, Heimatbücher-Verlag Müller & Königer, München, 1925
Die alten Hausbäume in Otterfing
Reichel, P.: Mündl. erhalten, Otterfing
Eder,M.: Mündl. erhalten, Otterfing
Die alte „Musi"-Linde in Otterfing
Bergäntzle, E.: Mündl. erhalten, Otterfing
Die Kapellenlinden von Wettlkam
Schlickenrieder: Mündl. erhalten, Wettlkam
Kratzsch, K.: Landkreis Miesbach, Schnell&Steiner, Mündehn, 1986
Die Kapellenlinden von Palnkam
Moser, E.: Ein oberbayerisches Bauerndorf im Holzlande, Heimatbücher-Verlag Müller & Königer, München, 1925
Harrer: Mündl. erhalten, Palnkam
Die alten Eichen bei Otterfing
Eder,M.: Mündl. erhalten, Otterfing
Burgmayer, M.: Mündl. erhalten, Palnkam
Die alte Linde von Roggersdorf
Kurzenberger: Mündl. erhalten, Roggersdorf
Die Kapellenlinde bei Heignkam
Kratzsch, K.: Landkreis Miesbach, Schnell&Steiner, Mündehn, 1986
Die Kapellenlinden bei Föching
Heimatchronik von Holzkirchen und Umgebung, Gemeinde Holzkirchen
Hampe, H.; Herl, O. und A.: Holzkirchen – Markt zwischen München und dem Gebirg
Schinzel-Penth, G.: Sagen und Legenden um Miesbach und Holzkirchen, Ambro Lacus Buch- und Bildverlag, Andechs, 1995

Abbildungsverzeichniss

Rusch, M.: Seite 1
Osbahr, H.: Seiten 2, 49
Janscheck, Th.: Seiten 8, 9, 12,13, 14, 16, 18, 19, 24, 29, 32, 33, 39, 43, 44, 45, 46, 47, 48, 51, 53, 58, 59, 60, 61, 63, 64, 65, 66
Die alte Linde von St. Leonhard: Seite 14 aus Schliersee – Eine Chronik zum Jubiläum, Fuchs Druck, Hausham, 1978
Die Legende von Birkenstein: Seite 18 aus Demmel, F.: Birkenstein, Kunstverlag Peda, Passau, 2005
Der Gedenkbaum auf dem Paraplui: Seite 22 aus Götz, R.; Schimeta, E.: Das königliche Tal, Fuchs-Druck, Hausham, 2005
Die Verfassungslinde von Egern: Seite 23 aus Stimme der Pfalz, Zeitschrift für Politik, Kultur und Wirtschaft, Heft 2, 1968
Stützer, Fr. : Seiten 26, 52, 62, 63 aus Die größten, ältesten und sonst merkwürdigen Bäume Bayerns, Piloty & Löhle Kunst- und Verlagsanstalt, 1900)
Markante Uferbäume: Seite 28 aus Das Tegernseer Tal in historischen Bildern (II.Band)
Hatzl, J.: 33, 42, 53, 54
Fitz, C.: 34
Die große Linde beim Bucher u. Der Grenzahorn am Birknerfeld: Seiten 36 aus Miesbach – ein historischer Streifzug, Fuchs Druck, Hausham, 1983
Strigl, K.: Seite 36
Die alte Buche am Haberer Stadl: Seite 38 aus dem Stadtarchiv Miesbach
Meisner, E. (historische Baumphotographien von 1911, Archiv des Heimatmuseums Bad Aibling): Seiten 44, 45, 46, 48, 50, 52,
Gemeinde Valley: Seite 61
Miesbacher Anzeiger (Ausgabe 32/2005): Seite 61
Landratsamt Miesbach: Seite 61
Naturschutzbund Otterfing: Gesammelte Baumdenkmale von Otterfing: Seiten 65, 66
Historische Baumphotographien aus Otterfing: Seiten 64, 65 aus Moser, E.: Ein Bauerndorf im Holzlande, Heimatbücher-Verlag Müller & Königer, München, 1925